CIÊNCIA E PSEUDOCIÊNCIA

Por que acreditamos apenas naquilo em que queremos acreditar

Proibida a reprodução total ou parcial em qualquer mídia
sem a autorização escrita da editora.
Os infratores estão sujeitos às penas da lei.

A Editora não é responsável pelo conteúdo deste livro.
O Autor conhece os fatos narrados, pelos quais é responsável,
assim como se responsabiliza pelos juízos emitidos.

Consulte nosso catálogo completo e últimos lançamentos em **www.editoracontexto.com.br**.

RONALDO PILATI

CIÊNCIA E PSEUDOCIÊNCIA

Por que acreditamos apenas naquilo em que queremos acreditar

Copyright © 2018 do Autor

Todos os direitos desta edição reservados à
Editora Contexto (Editora Pinsky Ltda.)

Montagem de capa e diagramação
Gustavo S. Vilas Boas

Preparação de textos
Lilian Aquino

Revisão
Bruno Rodrigues

Dados Internacionais de Catalogação na Publicação (CIP)

Pilati, Ronaldo
Ciência e pseudociência : por que acreditamos naquilo
em que queremos acreditar / Ronaldo Pilati. –
1. ed., 6ª reimpressão. – São Paulo : Contexto, 2022.
160 p.

Bibliografia.
ISBN 978-85-520-0055-6

1. Ciência – Filosofia 2. Teoria do conhecimento
3. Psicologia social I. Título

18-0435   CDD 501

Andreia de Almeida CRB-8/7889

Índices para catálogo sistemático:
1. Ciências
2. Filosofia e ciência

2022

Editora Contexto
Diretor editorial: *Jaime Pinsky*

Rua Dr. José Elias, 520 – Alto da Lapa
05083-030 – São Paulo – SP
PABX: (11) 3832 5838
contato@editoracontexto.com.br
www.editoracontexto.com.br

*À Gabriela, que, quando me nasceu pai,
me fez compreender como é imperativo
apreender a essência da ciência.*

*À minha amada Juliana, que me ajudou,
ao longo das décadas, a andar devagar
e reconhecer que muito pouco sei!*

Sumário

A MÁQUINA DE CRENÇAS E A CIÊNCIA 9

Tendência em acreditar
naquilo que queremos acreditar 13

Apreender a ciência 22

Além do banco escolar 26

O QUE CARACTERIZA
O CONHECIMENTO CIENTÍFICO 31

Ciência e tecnologia 45

Ciência ou ciências? 47

Nada é perfeito: o lado obscuro da ciência 52

A PSICOLOGIA HUMANA
E O CONHECIMENTO CIENTÍFICO 63

Self e os vieses cognitivos 72

Os Escaninhos Mentais 84

PARECE MAS NÃO É:
A SEDUÇÃO DA PSEUDOCIÊNCIA 97

Pseudociência, protociência e ciência picareta:
o que são e em que diferem? 98

Pseudociência e suas características fundamentais 105

Pseudociência dentro da universidade 113

CIÊNCIA E RELIGIÃO 125

O caráter infalível da religião e sua consequência 125

Quais os motivos para se fazer ciência? 130

CIÊNCIA: INCERTEZA, PECADO E REDENÇÃO 135

AGRADECIMENTOS 143

REFERÊNCIAS BIBLIOGRÁFICAS 145

NOTAS 151

O AUTOR 159

A máquina de crenças
e a ciência

Um homem sábio faz com que sua
crença seja proporcional à evidência

David Hume

Diariamente somos bombardeados por informações científicas. Do entretenimento ao autoconhecimento, passando por questões ligadas a alimentação, suplementos alimentares e medicamentos para manter a saúde e curar doenças. Você já deve até mesmo ter assistido a documentários na televisão que tratam de assuntos intrigantes, como óvnis, o pé-grande ou alienígenas que viveram no passado. Esses programas trazem pessoas que se apresentam como cientistas interessados em desvendar esse tipo de mistério. Em geral, as evidências que esses pesquisadores mostram para provar suas teses são relatos de testemunhas de pretensos discos voadores, vídeos borrados de uma figura humanoide com mais de dois metros de altura e esculturas milenares enormes que não poderiam ter sido movimentadas com a tecnologia ancestral. Você já parou para pensar se, de fato, tais evidências podem ser consideradas científicas?

Ciência e pseudociência

Imagine outra situação, também corriqueira. Você vai a uma livraria e encontra nas principais prateleiras, com muito destaque, um livro que chama a atenção. Bem evidente na capa está o nome do autor associado a um título acadêmico, como PhD ou doutor. O título do livro é bem sugestivo: *Teoria do autoconhecimento inconsciente*. Logo nas primeiras páginas o autor discorre sobre sua larga experiência profissional como psicoterapeuta e sobre uma teoria científica inovadora que desenvolveu durante décadas de trabalho. O autor afirma conseguir explicar o que nenhuma outra teoria científica desenvolvida até então nas áreas de psicologia, psiquiatria e neurociências havia conseguido: desvendar o mistério da relação entre consciência e inconsciência. Apresentando sua teoria, o autor descreve vários conceitos científicos novos, tais como a "autoinspeção intuitiva da memória inconsciente" e a "transmutabilidade da energia psíquica consciente-inconsciente". Ele diz que compreender a teoria trará ao leitor grande autoconhecimento sobre a relação do consciente e inconsciente, o que permitirá ter clareza sobre os principais mistérios de sua psicologia e do que motiva o seu comportamento. Você julgaria que a informação desse livro é científica? Se a considerar científica, isso aumentaria a chance de você comprar o livro?

Há outros assuntos relevantes para nossa vida que também são apresentados como científicos. As pessoas que nos vendem produtos e serviços, muitas vezes, apresentam argumentos que envolvem concepções científicas. Quem nunca recebeu uma ligação de um serviço de telemarketing dizendo sobre a capacidade preventiva do ômega 3? Tal capacidade foi descoberta por pesquisadores de uma conceituada universidade, é o que, em geral, nos dizem seus vendedores. Tendo

A máquina de crenças e a ciência

esse tipo de argumento como pano de fundo, o vendedor fala das propriedades do ômega 3 para a redução dos radicais livres e antioxidantes, responsáveis pelo envelhecimento precoce e pelo surgimento de inúmeras doenças. O fato de o vendedor informar que há conhecimento científico sobre ômega 3 é relevante para sua decisão de comprar as cápsulas? Se para você não é, julga que seria para outras pessoas?

O argumento de que se trata de conhecimento científico também é utilizado para abordar outros temas. Tomo como exemplo a "teoria da Terra plana",[1] que virou uma febre de discussões na internet, em redes sociais e vídeos. Alguns argumentos utilizados pelos defensores da alegada "teoria" asseveram que existem muitos cientistas que investigam a possibilidade de que a Terra seja plana. Seus defensores afirmam que o verdadeiro motivo que leva a maioria a argumentar que a Terra é uma esfera é o interesse escuso de corporações que lucram com isso. É interessante notar como as justificativas para defesa de uma tese como essa, da Terra plana, são colocadas com um emaranhado de negações e interpretações equivocadas de informações científicas. E tudo somado com alegações de que os cientistas começam a se interessar pelo assunto. Isso posto, pergunto: para você, esses argumentos aumentam a credibilidade das alegações de que a Terra é plana? Você julga que isso funcionaria para outras pessoas?

Situações corriqueiras como essas têm importância para todos nós, em diferentes contextos e situações. O discurso do conhecimento científico é utilizado de inúmeras formas, sendo presente em nossa vida, seja como estratégia para atrair atenção em um programa de entretenimento, para persuadir a comprar um livro, ou para fornecer ferramentas profissionais. O mundo está abarrotado de informações relativas ou atribuídas à ciência. Por isso é importante conceituar de forma simples e clara o que ela realmente é. É essencial saber o que caracteriza um conhecimento para que possamos chamá-lo de científico.

Levando essa questão em conta, esta obra procura contribuir para a divulgação científica, mais especificamente para divulgar como a ciência funciona e a relação desse funcionamento com a psicologia do conhecimento. Quais as propriedades do conhecimento científico? Como ele se diferencia de outros sistemas de crença que servem para explicar o universo em que vivemos? Quais as características da psicologia do conhecimento? Como a psicologia humana se beneficia do fazer científico para compreender a realidade? Ao longo das páginas deste livro, explico as características do conhecimento científico e sua relação com a psicologia do conhecimento.

Em primeiro lugar, diferencio conhecimento científico do conhecimento não científico. Existe uma enorme quantidade de publicações e divulgadores (livros, revistas, palestrantes, programas de TV, rádio, instituições etc.) que se anunciam como científicos. Mas apesar da aura acadêmica criada por currículos invejáveis, boa parte desses meios se afasta, de forma intencional ou não, do caráter fundamental e precioso do conhecimento científico. O que caracteriza o conhecimento científico não é o currículo acadêmico daquele que lhe transmite o conhecimento, mas sim o fato de sempre reconhecer que o que sabemos pode ser falho, e que, mesmo eventualmente falho, é útil naquele momento porque existem evidências que sustentam aquele conhecimento. Um grande número de autores vende a cientificidade de suas ideias quando não possuem esse predicado. Neste livro fornecerei alguns subsí-

12

dios para você navegar neste mar de crenças pseudocientíficas, paracientíficas e de ciência picareta, dando-lhe ferramentas para compreender como seu cérebro constrói crenças e informando critérios para diferenciar conhecimento científico do não científico. Este livro pode servir como um guia para você avaliar criticamente as informações que consome.

Em segundo lugar, ele aborda um dilema para muitas pessoas: a coexistência, em nossa mente, de crenças de naturezas diferentes. Em outras palavras: como podemos crer em explicações científicas sobre muitas coisas, mas, ao mesmo tempo, nutrir crenças religiosas para a compreensão de tantas outras? Muitos identificam a incompatibilidade de sistemas de crença tão diferentes, mas, mesmo assim, são capazes de conviver com ambos. Algumas vezes, essa incompatibilidade causa desconforto, outras não. Neste livro, conceituo o mecanismo psicológico que maneja essa questão: os Escaninhos Mentais. Não forneço, portanto, um guia, mas uma ferramenta para o autoconhecimento.

Tendência em acreditar naquilo que queremos acreditar

Ainda que a visão que nutrimos sobre nosso entendimento do mundo pareça sofisticada, a limitação da mente é um aprisionamento que impede a compreensão da realidade. Tal limitação é reconhecida há milênios no pensamento ocidental. Mas, nas últimas décadas, a consolidação das ciências cognitivas deu uma nova perspectiva para entender como conhecemos o mundo. As pesquisas sobre o funcionamento do cérebro e da mente já nos permitem compreender a forma como construímos e mantemos crenças que deem sentido à vida e ao que nos rodeia, necessidade inerente à espécie humana. Podemos entender que as limitações mentais nos levam, facilmente, a acreditar em explicações que se distanciam da realidade. Mesmo assim teimamos em acreditar. Não porque existem evidências de que a explicação seja boa, mas porque queremos acreditar. Tendemos a elaborar uma crença que explica algo e apenas após essa elaboração desenvolvemos justificativas para ela, já formada. Frequentemente justificar uma crença significa buscar evidências que a confirme, cegando nossa sensibilidade para as evidências que não sustentem aquilo em que já acreditamos.

Essa suscetibilidade em acreditar no que queremos acreditar foi descrita pelo psicólogo social Leon Festinger no livro *Quando a profecia falha* (1957). Em uma das muitas pesquisas para desenvolver a teoria da dissonância cognitiva,[2] Festinger e seus colaboradores identificaram, em meados dos anos 1950, uma seita religiosa que professava que o mundo acabaria em uma inundação no dia 21 de dezembro de 1954. A líder dessa seita, graças à sua alegada capacidade de dialogar telepaticamente com seres extraterrestres do planeta Clarion, professou que aqueles que se reunissem à seita teriam chance de salvação, pois seriam acolhidos em uma espaçonave. O livro é rico na descrição de detalhes e estratégias que os membros da seita utilizavam para validar o seu sistema de crenças, mesmo sem evidências de que a profecia realmente se realizaria. Bem, como sabemos hoje, o mundo não acabou. Quando nada ocorreu, os integrantes da seita utilizaram diversos argumentos para justificar seus atos passados e manter suas crenças. Alguns deles, por exemplo, reforçaram sua crença nos preceitos da seita, tornando-se, após dezembro de 1954, multiplicadores dos ensinamentos dos seres superiores. Um caso específico relatado informa que um dos integrantes e sua família retornaram à cidade cinco meses depois da falha da profecia, pois haviam recebido uma informação de que um disco voador apareceria, em uma determinada noite, na rampa de acesso à garagem do maior hotel da cidade. Estiveram lá por toda a noite aguardando ser resgatados.

Esses exemplos de como os membros da seita resolveram a inconsistência entre aquilo que acreditavam e as evidências (i.e., o mundo não acabou) dão conta de como aquelas pessoas buscaram coerência psicológica entre o que acreditavam e o que o mundo lhes apresentou.

A teoria da dissonância, que explica o mecanismo por meio do qual as pessoas acomodam incoerências entre suas crenças e seu comportamento, nos ajuda a compreender como e por que somos capazes de acreditar em coisas que não possuem evidências na realidade. Acreditamos mesmo que tenhamos evidências contrárias àquilo que acreditamos.

Sistemas de crença infalíveis[3] são fundamentais para compreendermos nossa tendência em acreditar naquilo que queremos acreditar. Crenças infalíveis são aquelas que, por sua natureza ou estrutura argumentativa, não são possíveis de serem consideradas falsas. No exemplo da seita, não era possível falsificar a crença de que a vidente conversava telepaticamente com os extraterrestres do planeta Clarion, considerando que apenas ela possuía essa habilidade. Nesse caso, não haveria como outro integrante informar algo diferente do que diziam os seres do planeta Clarion, já que só ela poderia fazê-lo. De forma circular, a validação da crença era sempre feita, graças à ausência de evidências contrárias ao que a vidente dizia sobre os seres superiores de Clarion. É claro que um observador externo minimamente cético poderia colocar as crenças em xeque, mas para o grupo que queria acreditar no que lhes era dito pela vidente, elas eram verdadeiras. A possibilidade de transformar uma crença em algo falso é, em primeira análise, difícil de ser imediatamente visualizado. Mas esse caráter é crucial na argumentação que este livro apresenta, pois defendo que é graças à possibilidade de declarar uma crença como falsa que aprimoramos o que sabemos sobre o universo.

Quando os sistemas de crença infalíveis se aliam a sistemas sociais que os fortalecem, tal combinação pode levar a atos extremados para validação do que se acredita. O exemplo da seita refere-se a um sistema social dessa natureza. Os sistemas sociais, por meio de fenômenos como influência social e conformidade, são os mecanismos mais poderosos que existem para o estabelecimento, a manutenção e a transmissão de crenças para diferentes gerações. Conformidade é o processo pelo qual nosso comportamento é determinado pelas circunstâncias sociais nas quais vivemos. Nesse sentido, conformar-se diz respeito a pensar, agir e julgar o que está à nossa volta de uma maneira coerente e parecida com a forma pela qual os grupos sociais aos quais nos sentimos como integrantes pensam, julgam e agem. Em geral tendemos a subestimar a influência que esses laços sociais têm sobre nossos pensamentos, sentimentos e comportamentos. Os sistemas de crença que endossamos são parte essencial desses grupos sociais. A pesquisa em psicologia social nos mostra que, quanto mais ambígua uma situação é para nós, maior importância damos à forma como nosso grupo entende os fatos. Isso faz com que sejam também nossas as crenças de nosso grupo. Romper o ciclo de conformidade demanda motivação dos indivíduos. O esforço que fazemos para validar sistemas de crença leva a suplantar a análise racional de uma situação, fazendo com que a lógica fracasse e o endosso a crenças despossuídas de qualquer respaldo na realidade continue a existir.

Outro exemplo sobre como esses mecanismos podem ser poderosos para manter a consistência de um sistema de crença se deu em outra seita chamada Heaven's Gate ("Portão do Paraíso"), em 1997.[4] Essa também professava que o mundo acabaria e que a salvação, para seus membros, viria em uma espaçonave que seguia o cometa Hale-Bopp. Alguns integrantes tiveram a ideia de comprar um telescópio para produzir evidências da existência da espaçonave. Quando focalizaram o cometa com o telescópio não enxergaram qualquer espaçonave. Você pode estar pensando agora: "bem, diante da ausência de evidência da espaçonave, essas pessoas alteraram suas convicções e, quem sabe, abandonaram esse sistema de crenças". Mas não foi isso o que ocorreu. Os integrantes levaram o telescópio de volta à loja e pediram seu dinheiro de volta, pois concluíram que o problema não estava em sua crença, mas sim no instrumento que não foi capaz de lhes dar a evidência que procuravam.

A descrição desses casos ilustra como criamos e mantemos sistemas de crença falhos, que não se ajustam às evidências que a realidade apresenta. Ainda que você possa considerar que as pessoas que acreditam em seitas são desajustadas e que isso não ocorre com a maioria das pessoas, a ciência cognitiva nos mostra que acreditar no que queremos vale para todos. A crença em sistemas infalíveis está presente na nossa vida diária, como nas previsões do horós-

Ciência e pseudociência

copo, nas soluções de boa parte da medicina alternativa, em uma parcela significativa do mercado de suplementos alimentares, nas ideologias políticas salvadoras das mazelas do país, entre inúmeras outras questões. Ainda que você não acredite que possa se envolver em seitas, somos afetados, direta ou indiretamente, por algum sistema de crenças infalível.

Mesmo que não existam evidências que apoiem as crenças, incorremos em vieses que permitem acomodar essa falta para justificar o sistema de crenças. Vieses como buscar confirmação daquilo que acreditamos, mesmo que tal busca seja feita seletivamente entre as evidências que contrariam nossas crenças. Como você poderá ler no capítulo "A psicologia humana e o conhecimento científico", a capacidade da psicologia humana de selecionar informações para sustentar crenças é fundamental para compreendermos por que somos suscetíveis a endossar sistemas de crença que não encontram fundamentos nas evidências. Tal característica psicológica permite engajar, reforçar e manter crenças em sistemas inúteis para compreender, de forma acurada, a realidade. Essa característica potencializa sistemas pseudocientíficos, religiosos e ideológicos, pois estes possuem apelos afinados com muitas de nossas motivações para compreender o que nos rodeia.

O conhecimento científico tem como principal característica seu caráter falível, ou seja, ser passível de ser demonstrado falho. Além dessa, outra característica que define sua racionalidade é o ceticismo. O que caracteriza o ceticismo é a incredulidade em relação ao que se sabe sobre um tema ou assunto. O ceticismo é o exercício direto de questionamento da credulidade e pode ser entendido como

18

a antítese do dogmatismo. Compreender a ideia do que seja ceticismo não é algo complicado, pelo contrário. Na verdade, desenvolvemos o pensamento cético sobre muitas coisas cotidianamente. Por exemplo, se você tem interesse em comprar um aparelho de som em um site de venda de produtos usados, será cético em relação ao que o vendedor do aparelho informa sobre seu funcionamento. Um comprador esclarecido exercerá seu ceticismo buscando evidências que atestem a real qualidade do produto, por exemplo, testando o funcionamento do equipamento antes de fechar negócio. A noção que subjaz a solicitação de teste prévio do comprador é aceitável para o vendedor, pois implicitamente entende a noção de ceticismo. A ideia de ceticismo é facilmente compreendida pela maioria das pessoas, ainda que o termo possa remeter-nos a uma ideia de algo complicado.

O ceticismo científico partilha dessa mesma preocupação do comprador do exemplo acima. Ele é a faculdade de exercitar o constante questionamento sobre as verdades científicas que possuímos em determinado momento. Isso nos leva a questionar o que sabemos, motivando, assim, a busca constante pelo aprimoramento. O critério para concluir que se sabe algo em ciência é a evidência produzida pela aplicação do método científico. O ceticismo, então, motiva o próprio caráter falseável do conhecimento científico. Mas vale a ressalva que devemos aprender a equilibrar nosso ceticismo. Se o ceticismo for extremado, pode impedir que novas ideias penetrem seu pensamento, tornando-o "convencido de que as tolices governam o mundo" (Sagan, 1987: 4, tradução nossa). Por outro lado, se o ceticismo for demasiadamente baixo, você "não saberá distinguir as ideias úteis das que não tem valor" (Sagan, 1987: 4, tradução nossa).

No final das contas, o exercício do ceticismo equilibrado, ou seja, nem se convencer de que nenhuma ideia tem valor, mas também não julgar que qualquer ideia é útil, é algo necessário para a maioria das questões corriqueiras. Dessa forma, evitamos ser enganados por ideias inúteis e que aparentem possuir algum valor, nos mantendo ao mesmo tempo abertos a novas ideias que podem ser melhores do que as antigas. Em um mundo cada vez mais cheio de informações falsas que se propagam pelas redes sociais, essa habilidade é ainda mais importante.

Entender e endossar uma forma racional e cética de compreensão da realidade não é intuitivo para nosso cérebro. Compreender como o conhecimento científico se organiza e estrutura exige esforço e aprendizado, pois o que é intuitivo e recorrente em nossa aprendizagem é a busca, endosso e transmissão de sistemas de crença crédulos, infalíveis, "perfeitos" por não serem abertos à falha. Tratar da característica do conhecimento científico e de sua diferenciação do não científico é fundamental para divulgar a forma pela qual a ciência constrói sentido da realidade. Também permite compreender por que a ciência é o mais eficiente empreendimento para suplantar a limitação inerente à psicologia humana para apreender a realidade.

Um problema que se apresenta nesta questão é a existência de sistemas de crença incompatíveis para os quais temos a capacidade de garantir um endosso simultâneo. Somos capazes de compreender e endossar sistemas baseados em princípios falíveis, como é o caso do conhecimento científico, mas, ao mesmo tempo, endossar sistemas infalíveis, como é o caso da religião, das ideologias políticas e da pseudociência. Isso é possível graças a mecanismos psicológicos que permitem a acomodação de sistemas incompatíveis. Nomeio tal mecanismo de "Escaninhos Mentais". Esses Escaninhos são estruturas mentais nas quais construímos justificativas para endossar, simultaneamente, crenças que, em sua gênese, são incompatíveis. Descrevo mais detalhadamente o conceito no capítulo "A psicologia humana e o conhecimento científico".

Finalmente, vale mencionar que ideias apresentadas neste livro são frequentemente sujeitas a uma crítica baseada em um argumento recorrente: o relativismo. Esse argumento defende que a verdade é relativa e que, portanto, podem existir múltiplas verdades. Assumo o pressuposto de que tal argumento é uma falácia, pois é inválido. Quando um filósofo afirma que todo conhecimento é relativo, ele deixa de reconhecer que seu próprio princípio é relativo e, portanto, falso (Clark, 2016 [1964]). A crença em um relativismo exacerbado pode solapar a busca pela verdade, pois nos remete de forma circular a ideia de que a realidade depende de várias coisas ou de vários observadores.

A realidade não é, necessariamente, relativa ao observador, mas independente dele. Sob um ponto de vista científico ou filosófico, não temos como chegar a uma resposta definitiva para essa questão. Assumo uma postura prática sobre isso: é útil possuir um critério para confrontar o que julgo que sei sobre o universo. Graças ao critério, possuo indícios se estou mais ou menos próximo do conhecimento acurado. Esse critério são as evidências. Uma visão relativista impede o estabelecimento desse critério prático. Minha premissa é de que a verdade não está no observador. Isso porque a observação do mundo não passa de mais uma consequência de como nossa cognição funciona. A realidade do universo é indiferente ao observador, à nossa humanidade e, em última

Ciência e pseudociência

análise, à nossa existência. Ao final, acreditar na ocorrência de diversas verdades é atribuir mais importância à humanidade do que seu real significado no universo.

Apreender a ciência

Imagine que você está indo de casa para o colégio, faculdade ou trabalho. Durante o trajeto você escuta rádio no *smartphone*. Uma notícia chama sua atenção: um estudo da Universidade de Oxford concluiu que a ingestão de um ovo de galinha por dia não aumenta o colesterol de forma significativa, contrariando resultados da pesquisa prévia sobre a relação entre dieta e doenças do coração. Esse tipo de notícia não é nada incomum atualmente, não é mesmo? Mas então pergunto: O que você sabe sobre ciência? O que caracteriza a ciência e o que torna o estudo relatado na notícia científico? Você conhece conceitos científicos, como colesterol, e é capaz de avaliar os princípios pelos quais aquele conhecimento adjetivou-se como científico? Como pode um estudo contrariar os resultados de outros? Isso lá pode ser considerado conhecimento científico se os cientistas não conseguem se entender nos resultados de suas pesquisas? Compreender o que é o conhecimento científico vai bem além de compreender conceitos e ideias científicas ou conhecer a história e a obra de cientistas importantes. Apreender a ciência significa ter uma noção, ao menos básica, de como o conhecimento científico se estrutura e se diferencia de outros sistemas de crença.

O interesse pela ciência tem aumentado nas últimas décadas e isso é salutar. As pessoas atribuem à ciência confiabilidade e capacidade de produzir soluções práticas e funcionais para suas vidas. Boa parte desse interesse é devido ao aperfeiçoamento do sistema educacional ao longo do tempo que incorporou as inovações da ciência em seus currículos. Já é corriqueiro pelo mundo afora que os meios de comunicação utilizem conhecimento científico para informar a população. Mais do que isso, muitos meios de comunicação aumentaram a cobertura de assuntos sobre ciência e tecnologia, criando seções editoriais especializadas nesse tipo de assunto. O jornalismo científico tem ajudado a popularizar as comunicações científicas. Um exemplo desse incremento é a alta frequência de notícias jornalísticas publicadas simultaneamente às mais recentes descobertas divulgadas nas revistas científicas. A credibilidade atribuída à ciência é utilizada de muitas formas e em diversos meios, desde a orientação para tratamentos de saúde até estratégias de persuasão para a venda de produtos. O interesse e a credibilidade da ciência são grandes, mas ainda assim faltam informações desse campo do conhecimento acessíveis ao público, principalmente as que descrevam os princípios de funcionamento do pensamento científico. Levando em conta essa ausência, foram dois os propósitos que motivaram a redação deste livro.

O primeiro é o convite que faço a você, leitor, para compreender e aplicar os preceitos básicos de como a ciência funciona e produz sentido sobre a realidade da natureza. Para chegar lá é necessário trilhar um caminho sobre os pilares do pensamento científico, descrevendo as características centrais que o diferencia de outras formas de saber. Aliado a isso também apresento alguns problemas e limitações que a organização social da ciência impõe ao seu propósito primordial, que é conhecer acuradamente a realidade da natureza. Apesar dos dissabores e erros da ciência, até o momento, a humanidade não inventou nada melhor para desvelar o universo que nos rodeia, inclusive sobre a natureza humana.

O segundo propósito está associado à minha experiência como cientista. A área de pesquisa em que atuo me permite o contato diário com a forma pela qual compreendemos o mundo que nos rodeia. O conhecimento que as ciências cognitivas têm produzido nas últimas décadas nos lançou em uma jornada sem precedentes de compreensão da racionalidade (e da irracionalidade). Essa compreensão ressalta ainda mais a ciência como uma ferramenta para ir além das nossas limitações cognitivas e fisiológicas que impõem uma barreira para entender a realidade. É por meio do emprego da ciência que se torna possível transpor essa barreira.

Evidentemente que essas duas características se situam em um momento histórico do desenvolvimento científico e do acesso à informação ocorrido nas últimas décadas. Atualmente a ciência tem passado por intensa renovação, o que permite aos cientistas fazer perguntas outrora impensáveis. As barreiras ou os limites do conhecimento científico estão cada vez mais tênues. Perguntas que, há pouco tempo, eram típicas de serem feitas por filósofos e religiosos agora fazem parte dos projetos de investigação dos cientistas das mais diversas áreas. Parece que esta é uma tendência geral do avanço que o conhecimento científico permite, pois o rompimento de tais limites é importante para o desenvolvimento da ciência moderna.

Ainda quando eu era um estudante de graduação, nos últimos anos da década de 1990, era comum, em disciplinas sobre método científico ou Epistemologia e História da ciência, encontrar classificações de sistemas de conhecimento que definiam barreiras entre, por exemplo, ciência, religião, filosofia e matemática. Atualmente, e já naquela época, este tipo de delimitação deixa de fazer sentido, até mesmo para fins didáticos. A maneira como a ciência avança na sua capacidade de produzir dados e conhecimento, apropriando-se de questões antes impensadas pelos cientistas devido à impossibilidade de produção de evidências, provavelmente assombraria cientistas, filósofos e teólogos de poucas gerações passadas.

Quando se fala de ciência para o público, é comum a preocupação dos cientistas sobre o conhecimento básico da população em relação ao entendimento de conceitos científicos, bem como noções de matemática. Os levantamentos sobre conhecimento de conceitos científicos são comuns, como é o caso do relatório do Instituto Abramundo (2014). A compreensão da forma pela qual um conhecimento pode ser considerado científico, afinal, é essencial para que a população possa utilizar e consumir ciência.

A velocidade de comunicação atual produz uma profusão de conhecimento científico rápida e facilmente acessível, a exemplo de boas novidades sobre os resultados científicos que são divulgados diariamente via internet, programas de rádio e outros meios de comunicação. É bem verdade que essa profusão também produz muita informação ruim que se traveste do *status* científico para ganhar credibilidade. Por isso, o cuidado no consumo dessas informações é importante. Para conseguir separar a boa da má informação é necessário compreender os princípios nos quais se sustenta o conhecimento científico.

A profusão de divulgação de resultados científicos ao grande público deixa, invariavelmente, a maioria das pessoas atônitas. Isto porque não é incomum que uma boa notícia contradiga ou apresente informações conflitantes com outra, apresentada há pouco tempo. Por que isso ocorre? O que estaria "errado" em tais resultados da pesquisa científica nas diversas áreas? Não seria a ciência um trajeto linear em busca da verdade final? Como poderia ela se contradizer em resultados divergentes? Pois bem, se você tem essa impressão é exatamente porque sua compreensão dos preceitos básicos sobre os quais a ciência se alicerça estão equivocados ou nebulosamente formados. No capítulo "O que caracteriza o conhecimento científico" abordo essa questão dos preceitos e por que tais características acabam por levar a resultados contraditórios.

Este livro foi escrito como uma conversa sobre os propósitos da ciência e sobre a importância de melhorar a vida em sociedade. Na verdade, considero que o entendimento de tais características seja útil para todas as pessoas, seja para proporcionar ferramentas para consumir informação de maneira crítica, seja para julgar melhor suas decisões e crenças sobre assuntos que dizem respeito a sua vida.

Além do banco escolar

O conhecimento científico é muito frequentemente associado à formação escolar. Por conta disso, existe uma tendência a restringir o conhecimento oferecido pela ciência a determinadas esferas da vida. Nada mais limitante. A ciência versa sobre a maioria dos assuntos relacionados à nossa existência, inclusive aqueles raramente associados ao tema. Um exemplo é o amor: psicólogos têm se debruçado em estudar o amor de forma científica há algum tempo (Cassepp-Borges e Pasquali, 2012). Há diversas maneiras de se abordar o estudo científico sobre esse tema, como a construção de mecanismos de classificação que organizem esta complexa rede de sentimentos genericamente nomeados de amor, bem como o estudo neurocientífico do cérebro apaixonado. De formas diversas e complementares, é possível se compreender cientificamente esse fenômeno psicológico. Não há uma limitação para isso.

A má compreensão da abrangência da ciência leva a outras questões, como o argumento de que o conhecimento científico deixa a beleza do universo diminuída, fria, distante, pois a fragmenta e a torna asséptica. Isso pode ajudar a explicar por que as pessoas raramente associam o estudo de um assunto como o amor à ciência. Esse argumento da assepsia me parece tão inadequado quanto intuir que o conhecimento científico não pode auxiliar a compreender nossos próprios sentimentos e emoções. De forma eloquente, Richard Feynman (2015), físico ganhador do prêmio Nobel, aponta a falácia desse argumento em uma entrevista concedida à BBC no início da década de 1980. É interessante notar, nas palavras de Feynman, que a beleza do universo pode ser desvelada e contemplada pelo cientista de uma forma até mais evidente do que aquela retratada pelo artista, por exemplo. Para isso basta assumir uma postura de admiração sobre a compreensão e a descoberta, o que pode trazer um contentamento tão grande quanto o que experimentamos ao apreciar uma intrigante pintura impressionista. Isso diz respeito a uma atitude sobre como olhar, pois se a visão que se tem da ciência for cheia daquela separação (banco escolar, coisas chatas da vida profissional etc.), então não há como se ver a beleza por trás da descoberta e da compreensão científica.

Ciência e pseudociência

A compartimentalização do conhecimento produzido pela ciência é usual. Criar um Escaninho Mental em que a ciência e suas funcionalidades e aplicações são úteis para apenas algumas esferas da vida é subestimar o benefício que uma visão científica do seu dia a dia pode trazer. A experiência fornecida por uma visão cética e racional do mundo deveria ser alcançada por todas as pessoas nas mais diversas dimensões de suas vidas. Uma eventual concepção de incompatibilidade entre o conhecimento científico e os mais diferentes temas que dizem respeito à vida cotidiana não faz sentido. Na verdade, tal construção de barreiras acaba por distanciar o conhecimento científico de seu potencial de relacionamento com diferentes esferas da vida. Esses Escaninhos servem para a manutenção de um *status quo* que dá margem a uma visão anticientífica ou pseudocientífica do mundo.

A ideia de que a ciência é um exercício de humildade e formação de caráter foi popularizada por Carl Sagan[5] e é perfeitamente aplicável aqui. O cientista deve exercer constantemente a faculdade do ceticismo. É um exercício árduo, que, inclusive, não é alcançado por muitos. É uma habilidade essencial para desenvolver uma visão científica do mundo. Ser cético sobre seus próprios sistemas de crença é uma tarefa paradoxal, pois aceitar a falibilidade do próprio conhecimento pode trazer instabilidade em suas asserções e significados. Mas é um exercício possível e importante, pois é o meio de criar novas formas, mais eficientes, de compreender a si mesmo e o mundo a sua volta.

A maioria das pessoas subestima o alcance e as possibilidades que uma visão científico-racional de mundo possui. Um olhar cético para o mundo pode permitir a redução dos preconceitos, mais tolerância a visões políticas e ideológicas divergentes, maior diálogo e consideração constante de que sua compreensão pode ser equivocada ou incompleta. Mas, ao mesmo tempo, esse exercício permite reconhecer que, ainda que falha, a compreensão válida naquele momento é a melhor possível à disposição. Tendo isso em mente, este livro quer mostrar que uma postura racional e cética sobre o que você sabe a respeito do mundo e de si mesmo é uma excelente alternativa para encarar os percalços, sucessos e dificuldades da vida.

Até aqui apresentei o problema, indicando a quantidade de informação que nos é apresentada como científica. Também expliquei nossa tendência de acreditar naquilo que queremos acreditar, mesmo contra as evidências, devido aos vieses cognitivos inerentes à forma como compreendemos o mundo. Também foi objeto deste capítulo descrever a frequente restrição que as pessoas fazem sobre o conhecimento científico, limitando-o a determinados temas e formando verdadeiros Escaninhos Mentais. Agora cabe seguir apresentando as principais características do conhecimento científico.

O que caracteriza
o conhecimento científico

*O propósito real do método científico
é garantir que a natureza não o leve
a pensar que você sabe algo que
verdadeiramente não sabe.*

Robert M. Pirsig

Caracterizar o conhecimento científico é uma tarefa difícil. Muitos filósofos e cientistas já se debruçaram nessa tarefa e não há, necessariamente, uma resposta final sobre essa questão. Como consequência disso, há abordagens diferenciadas sobre o tema. Algumas delas são concordantes, outras divergentes. A essa dificuldade soma-se a crescente complexidade do empreendimento científico. Graças aos avanços teóricos, metodológicos e tecnológicos, a ciência feita hoje é diferente daquela feita no passado. No entanto, apesar das mudanças, há uma característica que é um dos seus pilares fixos, sendo talvez o central, que dá a base para todas suas outras características. Esse pilar é a falseabilidade ou fasificabilidade.[6] Qualquer conhecimento que tenha por base uma abordagem científica, cética e racional preserva essa característica.

Ciência e pseudociência

O filósofo da ciência Karl Popper expressou de forma sintética e clara o princípio da falseabilidade como o critério que qualifica um conhecimento como científico (Popper, 1975 [1934]). Nessa concepção, qualquer conhecimento infalseável é não científico; Popper chamou o falseacionismo como o critério que demarca o conhecimento científico do não científico. Por mais racional e lógico que possa ser, o conhecimento infalseável não pode ser considerado científico.

Mas o que viria a ser conhecimento falseável? A falsificação é a possibilidade de confrontar o que sabemos com um critério externo ao nosso pensamento. É colocar à prova nosso entendimento, confrontando nossas crenças que explicam o mundo por meio da observação e da experimentação. Para um conhecimento ser passível de ser tornado falso, a explicação deve possuir elementos que permitam confrontá-la com a realidade para chegar a uma de duas possíveis conclusões: (a) a explicação é errônea, pois não sobreviveu ao confronto com os dados da realidade empírica; ou (b) a explicação sobreviveu e, por hora, não é possível falseá-la.

Acompanhe comigo o seguinte exemplo: se um cientista está interessado em produzir conhecimento científico sobre o efeito de passes espirituais[7] na redução da ansiedade de pacientes em tratamento, como ele poderia produzir conhecimento passível de ser demonstrado como falho? Nesse caso, o cientista deve formular uma afirmação que possa ser confrontada com a realidade da natureza, algo como: pacientes diagnosticados com transtornos de ansiedade submetidos a passes espirituais apresentam menos ansiedade. Nessa situação, o cientista deve possuir uma forma válida e fidedigna de medir a ansiedade. Além disso, ele deve elaborar um procedimento de pesquisa que permita observar a melhora de pacientes tratados por meio dos passes espirituais, mas também comparar os pacientes que recebem esse tratamento com outros que não são tratados e, ainda, com outros que são tratados por meio de estratégias convencionais (i.e., aquelas que já têm evidências científicas favoráveis à sua funcionalidade, como a psicoterapia, por exemplo). Ao final de todo o procedimento, que deve ser bem elaborado e prever outros fatores que possam interferir nos resultados, o cientista deve comparar o índice de melhora (por meio de algum critério eficiente e válido) entre os pacientes de diferentes grupos de tratamento de ansiedade. Nesse exemplo, o critério de falsificação é a comparação entre alternativas de tratamento, entre elas e aquela que foi a motivação da investigação, ou seja, os passes espirituais.

Só poderemos concluir que minha expectativa de entender o mundo está correta, nesse caso do exemplo, se, e somente se, eu for capaz de demonstrar a efetividade do tratamento de forma rigorosa, comparando meus resultados com outras técnicas ansiolíticas ou com a ausência de qualquer intervenção para diminuir a ansiedade. Se minha explicação sobreviver a esse teste, então posso defender que ela funciona e, portanto, é por hora não falseável. Como já dissemos, o que caracteriza se uma afirmação é falseável é a real possibilidade de confrontá-la com a realidade. Independentemente do tema ou área de pesquisa, o princípio da falseabilidade é a base do que o cientista faz.

Submeter explicações à prova garante que minhas afirmações sobre o mundo possam ser falseáveis. Por exemplo, é infalseável afirmar que o tratamento telecinético para ansiedade utilizado pelos seres do planeta Clarion é eficiente para a redução de ansiedade em humanos. A afirmativa é impossível de ser testada e, portanto, infalseável. A elaboração de uma argumentação que pareça racional por meio de uma narrativa qualquer (ex.: a líder conversou telepaticamente com os seres de Clarion que lhe afirmaram ter feito estudos com humanos abduzidos indicando evidências do funcionamento dessa técnica ansiolítica) pode levar tal argumento a ser considerado verdadeiro e válido. Afirmações sobre o mundo que não possam ser testadas (ex.: há vida após a morte; o paraíso dos mártires é integrado por 72 virgens; ou o universo foi criado há cerca de dez mil anos por um ser de poder infinito) são infalíveis e, portanto, não científicas. Ainda que o exemplo que dei sobre o tratamento de ansiedade dos seres de Clarion pareça ridículo, o fato é que há muitos sistemas de crença em voga e endossados por milhões de pessoas que são infalíveis, mas que utilizam algum tipo de argumento aparentemente lógico para persuadir e se perpetuar. Abordarei mais essas questões no capítulo "Parece mas não é: a sedução da pseudociência".

Como nem tudo é tão simples nessa discussão sobre o que caracteriza a ciência, então vale problematizar a posição popperiana sobre a falseabilidade. A concepção falseacionista de Popper sofreu várias e sucessivas críticas ao longo do tempo (Chalmers, 1993). A principal crítica argumenta que o pressuposto básico de qualquer teoria científica é infalsificável. Por exemplo, o princípio de que o conhecimento científico é falseável é, por si mesmo, impossível de se falsear. Isso porque, se assumirmos a possibilidade de que esse princípio seja falho, então, todo o resto é perdido. Essa crítica é relevante, pois considera, então, que o princípio da falsificabilidade é limitado e não abrange todos os aspectos de uma teoria científica vigente. Tal situação leva ao paradoxo de que algumas alegações pseudocientíficas podem ser entendidas como falsificáveis, o que nos obrigaria a classificá-las como científicas.

Mais recentemente, vários autores retomaram o esforço de qualificar um conhecimento científico e diferenciá-lo do conhecimento não científico, abrangendo outros fatores também relevantes. Chama a atenção o fato de que, a despeito de sua relevância, o assunto tem sido escassamente tratado ao longo da história da filosofia da ciência (Mahner, 2013). Alguns autores, em meados da década de 1980, defendiam a ideia de que a discussão sobre a demarcação de ciência e não ciência era um assunto falecido (Pigliucci, 2013). A ciência é um empreendimento complexo, que passou por grandes modificações nas últimas décadas. Tais mudanças resultam na expansão de seus campos de atuação e de sua influência. A intersecção de áreas de conhecimento aliada ao desenvolvimento tecnológico e à sempre inventiva habilidade de se fazer novas perguntas resulta na criação de diferentes áreas de interesse científico. Essas novas áreas exigem que nossa compreensão de demarcação do que seja conhecimento científico também venha a ser capaz de lidar com novos campos de intersecção nascentes e vindouros. Alguns exemplos de novas áreas de investigação e interesse científico são a Neuroeconomia (associação de conhecimentos, métodos e questões da neurociência e temas, métodos e estratégias de investigação da economia), a Psicologia evolucionista (o estudo do impacto da história da evolução da nossa espécie na formação de nossa psicologia) e a Exobiologia (o estudo de formas de vida de fora da Terra). Tendo isso em mente, é limitado considerar que todo o critério de demarcação possa ser feito unicamente em um princípio dicotômico, como é o caso do critério proposto por Popper (i.e., falseável = científico; infalseável = não científico).

O próprio pensamento popperiano envolvia outros elementos e critérios, como o caráter hipotético-dedutivo do conhecimento científico. Esse caráter é a estratégia empregada pelo cientista para compreender seu objeto de estudo. Envolve elaborar o princípio de explicação (por exemplo: passes espirituais reduzem a ansiedade de pacientes) e confrontá-lo com as evidências do mundo real (feita por meio da pesquisa controlada e cuidadosa que compara diferentes condições de forma a descrever e analisar todos os possíveis fatores que afetariam o resultado; nesse caso, a redução dos níveis de ansiedade dos pacientes).

Diante da dificuldade em se diferenciar o conhecimento científico daquele não científico com base em apenas um critério, alguns autores defendem que se leve em consideração mais aspectos analisados de forma conjunta (Bunge, 1984; Pigliucci, 2013). Por exemplo, a proposta do filósofo Mario Bunge diferencia a ciência da pseudociência a partir da análise do que ele nomeia de "campo cognitivo". Esse campo se refere a comunidades de indivíduos que partilham um conjunto de ideias e características, organizadas em dez princípios: (1) a existência de uma comunidade cognitiva (cientistas que usem métodos comuns e se comuniquem uns validando o conhecimento produzido pelos outros); (2) um ambiente social para essa comunidade cognitiva; (3) uma visão geral ou filosófica sobre o domínio cognitivo (assuntos em investigação pela comunidade); (4) um universo do discurso (forma de falar comum); (5) um arcabouço formal, com ferramentas lógicas e matemáticas; (6) um conjunto de pressuposições comuns sobre como se comunicar; (7) um conjunto de problemas definidos que o campo cognitivo deve procurar resolver; (8) um conjunto específico de conhecimento acumulado; (9) objetivos da comunidade cognitiva em cultivar o campo cognitivo; e (10) uma coleção de métodos utilizáveis para o estudo do campo cognitivo.

Bunge defende que tanto o conhecimento científico como o não científico diferem em função da forma como organizam e empreendem os dez princípios por ele descritos. Por exemplo, para Bunge os campos cognitivos considerados científicos são constituídos por comunidades de pesquisadores (princípio 2) que receberam treinamento especializado, que possuem fortes fluxos de troca de informações entre si e que iniciam ou dão continuidade a tradições de pesquisa. Já um campo cognitivo não científico, nesse mesmo princípio, seria composto por comunidades de indivíduos crentes que se autoproclamam cientistas, ainda que não conduzam nenhum tipo de pesquisa científica ou se engajem em práticas de pesquisa que são incompletas pelos padrões científicos.

A ideia simplificadora de Popper é atraente e intuitiva, isto é, nos dá, aparentemente, um atalho preciso para classificar e separar o que é ciência do que não é. Porém, as críticas a um critério único são pertinentes, pois podem nos levar a situações em que se consideram determinados empreendimentos como científicos quando na verdade não são. Uma proposta que envolva fatores mais abrangentes, como a feita por Bunge, é útil para envolver aspectos que minimizem a chance de cometermos um erro de categorização pelo fato de utilizarmos um critério único para identificar o que é e o que não é conhecimento científico.

Michael Shermer (2013b) adota uma proposição prática para um guia demarcatório do que diferencia ciência de não ciência. Defende que ciência é o que os cientistas fazem. Mas esse fazer está alicerçado no emprego do método rigoroso para o teste de hipóteses, que devem ser colocadas à prova, sujeitas à confirmação ou à refutação. Também faz parte da ferramenta do cientista o uso do ceticismo sobre o que se sabe em relação a determinado assunto. Se analisarmos de forma criteriosa, a ciência deve ser vista como uma comunidade que emprega um conjunto de procedimentos para colocar à prova suas concepções de mundo. Em essência, a possibilidade de colocar à prova significa que tais compreensões sobre o mundo são passíveis de serem entendidas como equivocadas, portanto, falsificáveis. Essa visão prática nos remete, novamente, ao fato de que a falsificação ainda é um dos principais critérios para diferenciar o conhecimento científico dos demais sistemas de crença que têm propósito semelhante.

Ainda que existam muitos críticos e dezenas de filósofos da ciência que deram contribuições para entender a ciência após Popper, o cerne desses argumentos segue de forma precisa, caracterizando um dos aspectos mais importantes que delimita e diferencia o conhecimento científico de outros sistemas de crença: todo tipo de afirmação deve poder ser submetido a algum tipo de procedimento que confronte a afirmação com a realidade por meio de um teste. Se a afirmação que exprime o conhecimento não é passível de ser submetida a algum procedimento pelo qual sua falsidade possa ser desvendada, então não há o que se falar sobre essa afirmação.

Não podemos confundir o resultado do conhecimento científico com o processo pelo qual o conhecimento foi produzido. O resultado científico é fruto de um processo embasado em uma característica: a possibilidade de falsificação do que é conhecido. Aprender sobre o que a ciência sabe sobre o mundo não é suficiente para compreender o que significa adjetivar um conhecimento como científico. É necessário ir além e compreender as características de como a ciência produz seus resultados. Portanto, saber "o que" não é suficiente, pois saber "como" é necessário para se entender as características da ciência.

O conceito do falseacionismo carrega em si uma característica que dificulta sua apreensão. Acreditar nesse princípio exige um desprendimento sobre o conhecimento que utilizamos para compreender o mundo. O princípio falseacionista está diretamente associado à incerteza do que sabemos e, portanto, faz com que convivamos com a (real) possibilidade de que as crenças que possuímos possam estar equivocadas. Se, por um lado, essa característica do conhecimento científico dá a ele sua maior vantagem, por outro, produz uma situação paradoxal. Isso porque o cérebro e a cognição humana evoluíram como uma ferramenta que demanda estabilidade e, portanto, infalibilidade para compreensão do mundo. Alguns pesquisadores têm defendido a ideia de que a crença em sistemas infalsificáveis é uma motivação humana fundamental (Friesen, Campbell e Kay, 2015). A compreensão do princípio da falseabilidade é difícil, mas, em hipótese alguma, inviável. Tanto isso é verdade que, se nossa cognição fosse incapaz de apreender o caráter falseável dos modelos e esquemas de compreensão de mundo, a ciência não teria sido um empreendimento tão exitoso na história da humanidade. Na verdade, não teria nem se desenvolvido. Logo, é possível apreender esse princípio; basta estar aberto para essa possibilidade.

O falseacionismo traz outra consequência inerente ao conhecimento científico e que também incomoda muita gente: a transitoriedade. Se o conhecimento pode estar equivocado, então deve haver um conhecimento melhor a ser colocado no lugar. Isso significa que novas explicações, a

Ciência e pseudociência

princípio mais eficientes, passam a substituir explicações mais antigas que deixaram de ser tão eficazes, justamente porque alguém produziu e testou uma mais eficiente. O caráter transitório do conhecimento científico não possui um prazo determinado de validade. Certas verdades científicas duram pouco tempo, como meses ou semanas. Outras podem durar décadas ou séculos. A depender, entre outros fatores, da área do conhecimento, do investimento científico feito e do avanço tecnológico, o tempo do transitório também pode ser diferente. Por exemplo, o modelo clássico da Física durou séculos até ser complementado pelos modelos desenvolvidos no final do século XIX e início do XX, como é o caso da Teoria da Relatividade. Por sua vez a visão do homem racional, que imperava na Psicologia e Economia desde meados da década de 1950, foi revista e complementada por um modelo de compreensão dual da cognição humana, algo que ocorreu menos de 30 anos depois. Na história da ciência há muitos casos descritos que comprovam que o tempo da transitoriedade é bastante diversificado. O principal fator que determina a velocidade da transição do que se sabe em ciência é a eficácia do novo conhecimento para suplantar o antigo quando, por meio de teste rigoroso, os cientistas colocam à prova as anteriores alegações que o explicavam.

Muitas pessoas ainda acreditam que o conhecimento científico segue em linha retilínea de acumulação, de forma que teremos mais conhecimento hoje do que tínhamos ontem e mais conhecimento amanhã do que hoje, isso até alcançar a verdade final. No entanto, o modo como o conhecimento científico é produzido coloca em derrocada essa esperança da verdade final, pois a noção de transitoriedade impera na forma como a ciência se desenvolve. Essa transitoriedade é ainda mais evidente com o aumento das publicações científicas e pelo crescimento da comunidade científica, que tem produzido muito mais do que em qualquer outro momento da história. Por isso, não se assuste se no seu noticiário preferido de informação científica a notícia da semana contradisser a notícia da semana passada. Em princípio, tal contradição é o resultado do trabalho do cientista, que tem como objetivo primordial falsificar e propor algo novo, com a esperança de que seja melhor e que ajude a resolver seus problemas de pesquisa. Há algumas situações em que essa nova proposição "melhor" pode significar dizer o oposto do que se conhecia. Em outras circunstâncias, são acréscimos para deixar o que sabemos mais preciso. É graças ao que sabíamos antes que podemos ter um novo conhecimento agora, mesmo que esse novo conhecimento contradiga o anterior ou explique um fenômeno a mais ou, então, que seja mais simples. Essa é a característica de avanço e acumulação do conhecimento, mas que não se caracteriza como uma acumulação linear em busca da verdade finalizada.

* * *

Este livro não tem como propósito descrever todas as características que definem a ciência. Como já foi dito, não é um tratado sobre esse assunto. A ideia aqui é abordar o essencial para uma boa compreensão do conhecimento que pode ser adjetivado como científico. Porém, existem cinco posturas que considero relevantes descrever aqui. Elas foram sintetizadas no episódio "Sem medo do escuro", o 13º da série *Cosmos: uma odisseia do espaço-tempo* (Braga, Pope e Druyan, 2014). Essas cinco características referem-se a uma postura perante tudo o que você pode saber sobre a realidade e são pilares de uma visão científica e racional do universo. Vamos a elas:

- **Questione a autoridade. Pense por si mesmo. Questione a si mesmo**. A ciência não é um movimento de produção de conhecimento que utiliza a autoridade, seja de pessoas ou de argumentos, para conhecer a realidade. Ao contrário, o seu principal propósito é avaliar o conhecimento já existente e questioná-lo, pensar em alternativas e formas mais eficientes de conhecer. Por esse motivo, pensar por si mesmo, de forma livre e independente, é essencial na empreitada. É importante, entretanto, salientar que para pensar por si mesmo e questionar o que os outros sabem é necessário compreender como eles conheceram a realidade, que explicações já foram apresentadas. Portanto, conhecer com cuidado e propriedade o que já se sabe sobre determinado assunto é o ponto de partida para seguir a caminhada do saber. Porém, isso não implica aceitar o que já foi dito e escrito por alguém, mas sim utilizar tal informação como fundamento para questionar e buscar desenvolver algo mais aproximado e exato para compreender determinado assunto.

- **Não acredite em nada simplesmente porque você quer acreditar**. Possuímos uma tendência a desenvolver explicações sobre aquilo que nos rodeia e sobre nós mesmos. Entender é uma motivação fundamental em nossa espécie. O problema reside no fato de acreditarmos em explicações do mundo simplesmente porque queremos acreditar, desconsiderando ou ignorando critérios e indicadores que nos apontem para a inadequação daquela explicação. Ainda que tenhamos uma tendência a acreditar em explicações das mais variadas sobre o que ocorre no mundo, uma visão científica exige que sejamos capazes de avaliar a adequação e a capacidade de tal explicação ser a forma mais precisa de compreender algo, evitando uma predisposição em acreditar simplesmente porque queremos acreditar. Não devemos ser seduzidos pela lógica interna do argumento sem evidências que o sustentem. Esse aspecto é crucial, ainda que eu reconheça a enorme dificuldade de se questionar argumentos que, retoricamente, parecem bem alinhados, até perfeitos. Lembre-se de sempre questionar a si mesmo. Acredite porque você tem indícios de que aquela crença é eficiente para explicar/conhecer algo.

- ***Teste ideias por meio da experimentação. Se elas não sobreviverem, abandone-as***. Criar formas de confrontar as ideias com o mundo é o único meio para aceitá-las ou rejeitá-las. Veja que o princípio de testar ideias pela experimentação significa confrontá-las com algum critério externo a elas mesmas. Uma ideia apenas será boa o suficiente se passar por essa provação. Você não deve ter apego às ideias antes de submetê-las a este tipo de teste. Não se deve ajustar os fatos advindos da observação às ideias como estratégia para torná-las verdadeiras. Entenda que a palavra "experimentação" refere-se a algum tipo de experiência, seja ela observacional ou um teste experimental controlado. Ainda que possua características distintas, há diferentes formas de confrontar uma ideia com a realidade. O importante é garantir que haja real confrontação com base nos recursos metodológicos e de mensuração disponíveis.

- **Siga as evidências aonde quer que elas o levem e, se não houver evidências, não julgue, não conclua que possui conhecimento**. Uma parte significativa do trabalho de investigação científica exige que o cientista desenvolva formas e estratégias para produzir evidências sobre o seu objeto de estudo. Tais estratégias, muitas vezes, exigem aprendizagem a partir de erros e, não raro, de descobertas casuais, decorrentes do desenvolvimento de novas formas de produção de evidências (a penicilina é um exemplo famoso de descoberta feita ao acaso). Desenvolver meios e formas inovadoras de buscar evidências é uma das tarefas mais importantes a que os cientistas se dedicam. Essa perseverança é uma das mais importantes características que a ciência possui para conhecer a realidade.

- **E sempre lembre: Você pode estar errado!** O ceticismo é a base de uma postura racional de compreensão do mundo. Isso implica considerar que mesmo com todos os elementos a favor de suas ideias é sempre possível que elas estejam erradas, incompletas ou imprecisas. Essa atitude possibilita o avanço e o espaço para o surgimento de novas ideias, sejam aquelas que partiram de você ou as que vieram de outras pessoas. Essa é a oxigenação que permite a eficiência do conhecimento científico para compreender a realidade.

Como você já deve ter percebido, o que alicerça a forma como a ciência apreende a realidade está baseado na concepção de que o que conhecemos é incerto. Reconhecer a fragilidade do que sabemos é, na verdade, a maior força que nosso conhecimento sobre a realidade pode nos proporcionar, além de ser um exercício da humildade do saber. Essa postura cética trouxe e traz profundo efeito sobre a condição da existência humana. É um exercício difícil para a maioria de·nós, mas fundamental. Antes vivermos na incerteza do que sabemos do que viver com a certeza de algo que pode ser equivocado, nos distanciando da verdade.

Esse caráter de incerteza tem outra consequência positiva: o constante questionamento. Perguntar é algo básico para a postura racional sobre o mundo. Aceitar como plausível que a resposta à pergunta pode estar errada é o que possibilita a formulação de novas perguntas, trilhando um caminho que nos permite rever e aprimorar o que sabemos. Somos curiosos em essência. Observe uma criança a partir de seus 4 anos. É uma questionadora. Fazer perguntas para compreender o seu mundo é uma das principais características dessa fase do desenvolvimento. Isso é um reflexo de nossa forma de abordar o mundo, dando-lhe sentido e significado. Cercear-nos da possibilidade de fazer perguntas porque as respostas já foram dadas é negar uma das maiores características de nossa natureza. Sistemas infalsificáveis de compreensão do mundo reprimem em nós a necessidade de fazer perguntas porque já nos apresentam as respostas finais. Assim, sistemas infalsificáveis nos prestam um desserviço quando nosso objetivo é compreender a realidade com a constante busca do aprimoramento do que sabemos.

Ciência e tecnologia

A relação fundamental entre ciência e tecnologia é algo que passa despercebido para a maioria das pessoas. Quando se pensa nessa relação, o mais evidente é a ideia de que o avanço do conhecimento científico promove o desenvolvimento tecnológico. É comum as pessoas associarem itens de seu dia a dia, como um relógio digital ou a internet, como um subproduto da pesquisa científica. Mas raramente as pessoas compreendem que o inverso, a influência que a tecnologia tem no desenvolvimento do conhecimento científico, é fundamental. Essa influência da tecnologia nos rumos e no que a ciência pesquisa vale para qualquer área de investigação.

Veja o caso das ciências comportamentais, em que se insere a minha área, a psicologia. O desenvolvimento de tecnologias para o estudo do funcionamento on-line do cérebro, isto é, o funcionamento do cérebro enquanto observamos um determinado comportamento, trouxe repercussões para compreender o substrato biológico dos processos cognitivos e do comportamento humano, inimagináveis há 40 anos. As técnicas de imageamento cerebral, como a ressonância magnética funcional ou a eletroencefalografia de alto desempenho, permitem hoje uma compreensão impensável até pouco tempo atrás. Na verdade, a tecnologia não permite apenas um melhor conhecimento da realidade; ela permite formular perguntas que nem eram pensadas anteriormente, em função da ausência de meios para essa investigação antes do advento da tecnologia. De forma inteligente, o físico Marcelo Gleiser (2010) sintetiza essa noção em um de seus livros, quando argumenta que o que faz a ciência é nossa capacidade de inventar novos instrumentos e formas de medida e a maneira como interpretamos os resultados.

Um exemplo dessa relação indissociável pode ser visto entre os ganhadores do prêmio Nobel. Antony Greenwald (2012) apresenta evidências de que um número expressivo de ganhadores de diferentes áreas foram reconhecidos porque desenvolveram mais do que conhecimento teórico – ou seja, desenvolveram métodos e tecnologias para promover o desenvolvimento teórico. Esse tipo de ocorrência demonstra o ponto que quero apresentar. O desenvolvimento tecnológico impacta de tal forma o desenvolvimento científico que o transforma de maneira elementar, reforçando o princípio falsificacionista e abrindo novas avenidas de investigação que eram impossíveis de serem feitas em outro momento da história. Conhecimento científico e tecnologia são tão relacionados que é difícil de perceber um sem a existência do outro. A produção da tecnologia ocorre também graças, principalmente, às pesquisas científicas, mas tal qual uma criatura que transforma o próprio criador, ela provoca profundas mudanças no que é produzido pelos cientistas.

Ciência ou ciências?

Se você já cursou alguma disciplina em uma universidade, principalmente aquelas introdutórias em cursos de Ciências Humanas,[8] você já deve ter se deparado com indagações do tipo: "mas de que concepção de ciência estamos falando?", ou: "mas a que visão de homem você está se referindo?". Tais argumentos criam critérios diferentes que demarcam o que é o conhecimento científico. Esta secção é frequentemente aplicada no âmbito das Ciências Humanas e Sociais, perfazendo uma imagem de descontinuidade entre o que é feito nas Ciências da Natureza ou da Vida e naquelas que se preocupam em compreender a dimensão humana. Minha área de pesquisa é privilegiada nesse sen-

Ciência e pseudociência

tido, pois recebe influências de múltiplas disciplinas, o que possibilita observar de forma próxima esse debate.

A descontinuidade é a noção de que a ciência feita em departamentos de Ciências Humanas é qualitativamente diferente daquela feita em departamentos de Biologia ou Física, por exemplo. Essa distinção se baseia em preceitos e características que variam a cada disciplina. Essa descontinuidade é contraproducente e uma potencial geradora de pesquisadores impedidos de compreender o princípio falseacionista do fazer científico. Os que defendem o argumento da descontinuidade adotam uma postura arrogante, pois advogam para si uma nova concepção científica para os temas em que se interessam em investigar. Eles baseiam-se na premissa de que os fenômenos humanos são distintos, em sua natureza, daqueles "não humanos". Essa pressuposição centrada no humano parece uma antropocentrização moderna, assumindo que somos particulares, idiossincráticos e que os fenômenos humanos merecem um método científico particular, diferente do usual. Em certa medida, fazer isso é incorrer no mesmo erro de acreditar que a Terra é o centro do universo. Não há por que criar uma nova ciência para a investigação dos fenômenos humanos, uma vez que o estudo destes, apesar de algumas particularidades, produz o mesmo tipo de desafio de compreensão para nossa cognição que os temas estudados nas mais diversas áreas científicas. Portanto, podem ser desvendados por meio da aplicação do método científico baseado nos mesmo princípios.

O século xx foi profícuo em criticar a forma como a ciência é feita. Mas, apesar dessa proficiência, nenhuma alternativa foi desenvolvida para a substituição do método científico e dos princípios de funcionamento da ciência. Muitos argu-

O que caracteriza o conhecimento científico

mentos críticos foram desenvolvidos e apresentados, o que contribuiu para oxigenar inúmeros temas e assuntos, mas proposições práticas e funcionais de substituição da "velha ciência" pela "nova ciência" não vingaram (se é que existiram proposições reais de como se fazer isso). Aparentemente, o que resultou desse debate foi um discurso retórico que produziu argumentos infalíveis e, portanto, pseudocientíficos (abordo mais sobre isto no capítulo "Parece mas não é: a sedução da pseudociência").

Essa questão da falsa descontinuidade não significa que não existam diferenças na forma de fazer ciência entre as disciplinas. Essas características existem, são corriqueiras, necessárias e salutares. Conduzir uma investigação em Psicologia Social é distinta da feita em Antropologia, bem como daquela realizada em Biologia Molecular ou em Física de Partículas. As disciplinas científicas diferem entre si em vários aspectos sobre como produzir conhecimento, mas mantêm as mesmas regras básicas de funcionamento, possuindo mais semelhanças do que diferenças (Shermer, 2011).

Uma compreensão inclusiva e que tem se tornado influente é aquela que organiza o estudo dos fenômenos científicos em níveis de análise (Doise, 2002). Tais níveis devem ser considerados para a compreensão dos fenômenos humanos, sociais e comportamentais. Esse raciocínio também é útil para fenômenos de interesse de outras áreas da ciência. Para esclarecer ao que me refiro, acompanhe o exemplo descrito no próximo parágrafo.

Imagine que você presenciou um atropelamento que provocou a morte de um pedestre. Como curioso natural, você quer compreender o ocorrido e se pergunta: "o que causou a morte desse pedestre atropelado?". Para dar a resposta,

Ciência e pseudociência

você decide convidar dois especialistas para analisar o caso: um médico neurologista e um cientista social. Respondendo a sua pergunta, após analisar o ocorrido, o médico neurologista conclui que a causa da morte do atropelado foi o rompimento de uma artéria cerebral fruto do traumatismo craniano sofrido pelo pedestre no momento do impacto. Já o cientista social lhe explica que foram duas as causas do atropelamento: o aumento do número de carros nas ruas e a insensibilidade do motorista provocada pela grande quantidade de pedestres no cruzamento.

Apresentado o caso, agora eu lhe pergunto: uma resposta é mais correta do que a outra? Uma é mentirosa e a outra verdadeira? Não parece ser o caso, não é mesmo? Mas, então, em que elas diferem? Exatamente na concepção do nível de análise. A ênfase que o especialista em Neurologia dá é diferente daquela que o cientista social fornece, pelo simples fato de que sua especialidade tem a ver com as funções e a morfologia do sistema nervoso. Na verdade, as explicações são complementares e relevantes uma para a outra. Entre o nível de funcionamento da fisiologia cerebral e a cultura existe um grande número de mecanismos e processos que se influenciam mutuamente, determinando os fenômenos humanos, sociais e comportamentais. Inclusive aqueles fatores que determinaram o atropelamento e a morte do nosso pedestre fictício.

Boa parte dessa discussão (descontinuidade do método, ciência *versus* ciências etc.) deriva do fato de que as diferentes áreas científicas, que se interessam direta ou indiretamente pelo comportamento humano, tendem a ser pouco inclusivas com os diversos níveis de análise quando desenvolvem conhecimento. Essa concepção tem sido alvo de acaloradas discussões de pesquisadores que se propõem a compreender as origens evolutivas do comportamento humano (Otta e Yamamoto, 2009). Tal análise restritiva, focada em apenas um nível de análise, acabou por criar cisões e enfatizar determinados níveis em detrimento de outros, produzindo, inclusive, argumentos como os de descontinuidade entre as Ciências Humanas e as outras ciências.

Não há sociedade sem indivíduos, nem indivíduos que sejam isentos de átomos, moléculas, células, história evolutiva, cérebro, mente, história de desenvolvimento, grupo social e cultura. Esses níveis de análise, do atômico ao cultural, interagem na determinação dos fenômenos, inclusive os humanos e sociais. São dependentes um do outro. Essa perspectiva integradora dos fenômenos humanos em diferentes níveis de análise reconhece a complexidade da questão, sem simplificar o problema, quando abordado a partir de um único nível. Também evita o argumento de antropocentrização e descontinuidade da visão do que seja ciência para diferentes campos do saber. Dessa forma, pode-se desenvolver uma agenda inclusiva de compreensão dos fenômenos humanos e sociais, sem cair na cilada de visualizá-los a partir, unicamente, da lente de um único nível de análise, de uma única perspectiva.

Práticas, formas de comunicação, estratégias de mensuração diferentes, entre outras maneiras de produzir o conhecimento, que sejam particulares a cada área, não correspondem a um descompromisso com aquilo que constitui o cerne do que seja a ciência. O compromisso comum envolve o caráter falível do conhecimento, a verdade transitória, o exame cético das crenças dos cientistas e a produção de conhecimento em uma comunidade em que uns trabalham para

Ciência e pseudociência

validar (ou invalidar) o conhecimento produzido pelos outros. As particularidades entre as diferentes áreas da ciência são necessárias para viabilizar respostas às perguntas que motivam uma pesquisa. Mas isso, em hipótese alguma, significa defender uma postura de que existem ciências diferentes a depender do tipo de objeto a ser investigado. Em suma, a ciência é um empreendimento unificado que, independentemente do fenômeno estudado, partilha os pilares básicos de como conhecemos a realidade.

Nada é perfeito: o lado obscuro da ciência

Cientistas são dotados do mesmo cérebro e a mesma cognição que você e eu e, portanto, estão sujeitos às mesmas limitações de compreensão da realidade que qualquer um de nós. Cientistas também são capazes de acreditar em coisas que não possuem evidências na realidade, como bem descreve Michel Shermer (2012, 2013a) em seus livros sobre crenças. Em *Cérebro e crença*, Shermer descreve o caso de um ganhador do prêmio Nobel de Química que nega que o vírus HIV cause aids e aceita as evidências dos relatos de abduzidos como prova de vida extraterrestre inteligente.

As características do funcionamento de nossa cognição valem, portanto, para todos, inclusive para aqueles mais bem treinados em pensar acerca da incerteza. A história da ciência possui vários exemplos do uso equivocado ou de interpretações preconceituosas do conhecimento científico, que já levaram a inúmeros malfeitos em nome da ciência (Gould, 2002). A ciência já foi utilizada para justificar segregação racial, pesquisas abusivas, genocídios, entre outros

52

O que caracteriza o conhecimento científico

exemplos nefastos. Também há entre os cientistas diferentes tipos de interesses perversos, como os que são vistos em laboratórios de desenvolvimento de medicamentos que fazem usos antiéticos e equivocados das descobertas científicas para maximizar seus ganhos. Também existem cientistas charlatões que se utilizam da autoridade científica e da credulidade de muitas pessoas para conseguir ganhos financeiros e poder (Goldacre, 2013). Tais consequências negativas estão bem documentadas, mas, ao que tudo indica, o esquema autocorretivo da ciência e da sociedade moderna são capazes de garantir o enfrentamento dessas questões. Não é meu propósito nesta seção revisar de forma ampla todos os problemas e usos equivocados da ciência ao longo de sua história, mas destacar alguns exemplos recentes que atraíram atenção especial desde a virada do século xx para o xxi.

A ciência é desenvolvida em um ambiente social, com normas e hierarquias estabelecidas. A criação de mecanismos e sistemas de controle do trabalho e o alto grau de competição, entre outras características, estão presentes no ambiente científico. O caráter falível de qualquer cientista, associado a uma dinâmica social das instituições de pesquisa, gera uma série de problemas e dificuldades no avanço do conhecimento. O grande volume de recursos investido em pesquisa científica aliado a esse meio social competitivo recria os principais problemas de conduta observados em qualquer outro tipo de empreendimento social: fraude, mentira, práticas questionáveis, mesquinharia, reconhecimento pessoal acima de qualquer coisa, entre outros.

A Psicologia Social compreende há décadas que a situação social[9] é um poderoso determinante do comportamento.

Quando a ciência se organiza de forma social para fazer o que se propõe, essa organização gera normas e formas esperadas de conduta. Boa parte da formação do cientista é aprender a se comunicar e transitar com desenvoltura em seu meio. O fato é que essas normas indicam quais comportamentos são esperados. Nesse contexto, duas coisas são das mais (se não as mais) importantes: publicar os resultados de suas pesquisas e ter suas publicações citadas por outros cientistas.

Se publicar e ser citado são as regras do jogo, nada mais natural do que esperar que os cientistas procurem fazer isso. Espera-se, então, que os cientistas publiquem e, preferencialmente, publiquem muito. Também se espera que desenvolvam estratégias que aumentem as chances de que suas publicações venham a ser citadas. A questão da citação como meio de aferir a qualidade do cientista é tão importante que sistemas dedicados ao monitoramento de citações foram elaborados ao longo do século XX. Atualmente já existem mecanismos gratuitos on-line que têm feito o trabalho de avaliar e dar visibilidade imediata e mundial ao impacto da produção do cientista.[10] Essa regra do jogo, aliada a um afrouxamento de mecanismos de controle, levou ao surgimento de artifícios para a aquisição de maior visibilidade nesse oceano de concorrência intelectual.

A explosão da produção científica nas últimas décadas foi sem precedentes. O número de periódicos científicos de boa qualidade que veiculam, de forma cada vez mais rápida, o conhecimento produzido pelos cientistas das mais diferentes áreas é estonteante. São milhares de páginas de artigos científicos publicados diariamente. Um relatório de 2015 indica que em média são publicados por dia mais de 6.800 artigos apenas em revistas científicas de língua inglesa, o que resultou em mais de 2,5 milhões de artigos publicados em 2014. Alie-se a isso o aumento significativo do número de cientistas publicando, em busca de reconhecimento dos pares, das instituições de pesquisa, dos agentes de financiamento e, também, do público geral. Mas o que fazer para ter seu trabalho citado nesse mar de produções científicas?

Como em todo ambiente altamente competitivo, práticas escusas e questionáveis estão presentes, de forma a criar atalhos para o sucesso. Vale ressaltar que isso é verdade para qualquer categoria profissional, desde padres da Igreja Católica até advogados, jogadores de futebol ou engenheiros. A criatividade dos cientistas para desenvolver estratégias para burlar os mecanismos de controle é tão grande quanto sua inventividade para desenvolver novos instrumentos de medida para fenômenos antes impensáveis. Temos observado um maior monitoramento dos problemas que surgem de atitudes antiéticas dentro da ciência. Um exemplo de monitoramento é o feito pelo blog *Retraction Watch*,[11] que acompanha diariamente escândalos e a despublicação[12] de trabalhos científicos. Isso ocorre com frequência alta e em todas as áreas do conhecimento.

Mas o que seriam essas artimanhas para se dar bem? Pesquisadores começaram a estudar o problema e identificaram o que se convencionou chamar de "práticas questionáveis de pesquisa". Trata-se dos meios escusos para fazer com que os resultados de uma pesquisa fiquem mais atraentes ou não se falseiem por completo (Fuchs, Jenny e Fiedler, 2012; Spellman, 2012).

Leslie John, George Loewenstein e Drazen Prelec (2012) descreveram em um artigo dez práticas questionáveis utilizadas com frequência muito acima do desejável por pesquisadores em psicologia.[13] São elas: (1) não relatar todas

Ciência e pseudociência

as formas de medir as variáveis da pesquisa; (2) aumentar a coleta de dados a partir de análises intermediárias, sem alcançar o número inicialmente planejado; (3) deixar de relatar todas as condições experimentais de um estudo, informando apenas aquelas que "deram certo"; (4) parar de coletar dados porque o resultado que se procurava foi encontrado; (5) arredondar o valor de probabilidade para favorecer o resultado que se esperava no estudo; (6) relatar seletivamente os estudos que "funcionaram", deixando de relatar aqueles que "não funcionaram"; (7) excluir dados de forma a fazer com que os resultados deem certo; (8) relatar resultados inesperados como se fossem esperados desde o início da pesquisa; (9) defender que resultados não são afetados por fatores demográficos quando, na verdade, não se tem certeza disso; e (10) falsificar dados.

Segundo os autores, essas estratégias questionáveis são frequentemente utilizadas por dois mil pesquisadores dos EUA que responderam a um questionário em que as práticas foram avaliadas de forma indireta. No questionário, perguntou-se ao participante sobre o uso que seus colegas faziam das práticas, bem como se o participante já havia realizado uma delas em algum momento. Dessa forma, foi possível fazer uma comparação para se estimar a prevalência das práticas, bem como não levantar suspeitas nos participantes (quem diria que faz uso de práticas questionáveis abertamente?). Em algumas delas, mais de 60% relataram tê-las utilizado em algum momento e, em outras, como é o caso de falsificação de dados, menos de 2% disseram tê-lo feito.

Ainda que não seja a regra, casos específicos são importantes para demonstrar o ponto aqui. Há alguns anos, Diederik Stapel, um psicólogo social holandês, ficou internacionalmente famoso porque foi descoberto que ele era um fraudador contumaz de dados de pesquisa. Em 2011, após uma denúncia de ex-alunos de doutorado, foi constituído um comitê na Universidade de Tilburg (instituição em que Stapel trabalhava na época) para avaliar se ele havia tido má conduta ética em atividades de pesquisa. Após meses de investigação, o próprio Stapel admitiu ter inventado dados em dezenas de artigos científicos publicados em diversas revistas, entre elas a *Science* e o *Journal of Personality and Social Psychology*. Os periódicos se apressaram em iniciar a despublicação[14] desses trabalhos. Ele foi demitido da universidade a qual era ligado e, basicamente, viu encerrada sua carreira científica. Tempos mais tarde, o próprio Stapel publicou um livro tentando justificar o injustificável. Em formato de e-book,[15] ele apresentou seus motivos, bem como as estratégias que utilizava para criar os dados de suas pesquisas.

O que aconteceu com esse psicólogo social é um triste exemplo de como a artimanha e o comportamento antiético também estão presentes na ciência. Ainda que existam mecanismos de controle, as pessoas desenvolvem formas de burlá-los e só ficamos sabendo o que aconteceu mais tarde, quando o sistema consegue identificar a fraude e o fraudador. O caso de Stapel ainda ganhou mais notoriedade porque ele desenvolveu toda uma carreira apresentando pesquisas sobre fenômenos e efeitos contrários à nossa intuição (i.e., contraintutivos), o que lhe rendeu notoriedade e muitas citações de seus trabalhos. Na verdade, ele percebeu que tais temas eram muito valorizados pelos editores das revistas científicas e a criação de dados que demonstravam tais fenômenos aumentava as chances de seus manuscritos serem bem avaliados para publicação durante o processo de arbitragem. Ele, portanto, descobriu um filão e fez uso dele em benefício próprio, fabricando dados integralmente. É uma história lamentável, mas fundamental para lembrarmos sempre que oportunistas estão presentes também no meio científico.

Ciência e pseudociência

Não advogo que o problema de fraudadores contumazes seja uma questão unicamente do desvio de caráter de alguns cientistas. De fato, fraudadores contumazes existem porque há circunstâncias sociais que criam condições para que eles se desenvolvam. Assim como acontece com todos os fenômenos comportamentais, não basta olhar unicamente para o indivíduo, muito menos observar apenas o poder da situação social se quisermos compreender esse tipo de fraude. É preciso levar em conta a interação de um conjunto amplo de fatores. O interessante em ciência é que, se ela produz condições sociais que podem potencializar os "espertinhos e malfeitores", sua forma de funcionamento também possibilita, constantemente, soluções para esses problemas de percurso. Um exemplo que tem florescido é a proposta de ciência aberta, com trabalhos colaborativos de equipes cada vez maiores e mais diversas, bem como as ações coordenadas de replicação (Collaboration, 2012, 2013; Nosek, Spies e Motyl, 2012).

O uso da internet como meio de comunicação e pré-registro dos projetos científicos é uma ferramenta que dá mais visibilidade ao que é feito dentro do laboratório e, consequentemente, minimiza as práticas questionáveis. Por exemplo: uma prática questionável frequente é relatar apenas algumas das variáveis empregadas no estudo; se o autor, porém, pré-registrou[16] quais seriam essas variáveis, além de todos os outros detalhes do seu projeto de pesquisa, e tornou isso público, não há como ele escamotear a informação apenas no momento da redação do relatório final. Evidentemente, os espertinhos serão capazes de inventar novas maneiras de burlar os mecanismos de controle, mas a comunidade científica age de forma relativamente rápida para desenvolver estratégias diferenciadas para coibir esses comportamentos indesejáveis e contraproducentes entre os cientistas.

Mas os problemas não dizem respeito apenas às práticas questionáveis e às fraudes. Há outras características que são inerentes à forma de organização da ciência que também exaltam o lado ruim e mundano da natureza humana. Como já argumentei, os cientistas buscam reconhecimento de seus pares e do seu trabalho de pesquisa. Muitas vezes essa busca pelo reconhecimento se sobrepõe àquela que deveria ser a razão principal da atividade profissional, que é conhecer acuradamente a realidade da natureza. É comum haver pesquisadores que desenvolveram modelos teóricos no início de suas carreiras e que passam o restante de sua atividade profissional, ou seja, a maior parte dela, buscando o reconhecimento de seu feito teórico, principalmente por meio da defesa, com unhas e dentes, daquilo que foi sua ideia pioneira. Reconheça-se que várias dessas ideias são boas e robustas, mas, muitas vezes, essa defesa se prolonga mesmo quando existem evidências contrárias ou evidências não estáveis ao longo do tempo. Sem dúvida, o motivo primeiro da atividade deveria ser o encantamento pela descoberta, o novo olhar para os problemas graças aos novos e incríveis procedimentos de mensuração. A motivação da atividade científica não deveria ser a busca incessante por reconhecimento ou a formação de alunos que passam a ser seus discípulos e herdeiros intelectuais.[17] Reconheço que essa pode ser uma visão ingênua, a partir do momento em que a busca pelo reconhecimento sobrepuja a busca pelo descobrimento. Os anos de trabalho na academia me ensinaram que a arena política e o conflito de interesses movem uma parcela significativa dos cientistas que procuram, unicamente, se encarreirar. Pode até existir certo grau de compatibilidade entre a fome de conhecer e a busca por reconhecimento, mas é lamentável ver um cientista perdido em sua vaidade, quando o que ele deveria estar procurando é, genuinamente, conhecer a realidade (ver *box* a seguir).

Ciência e pseudociência

Ainda que tenha um grande número de problemas, o conhecimento científico possui meios e estratégias para minimizar ou até mesmo barrar os erros de percurso. O aperfeiçoamento continuado do sistema social que organiza a ciência é o recurso de que dispomos para aprimorar a continuidade da jornada desse magnífico empreendimento humano.

Neste capítulo, descrevi as principais características do que qualifica um conhecimento como científico. Também foram apresentados alguns de seus problemas e limitações. Para seguir no argumento deste livro, descreverei no próximo capítulo como nossa cognição funciona para compreender o mundo, de forma a explicar como e por que a ciência é uma janela de oportunidade que permite ir além dos limites de nosso entendimento cru sobre o universo.

* * *

Se você tem interesse em iniciar ou continuar uma trajetória de formação acadêmica, sobretudo se você é jovem, compilei algumas sugestões de alguém que já passou por esse processo. Essas dicas e reflexões estão descritas no *box* a seguir.

DICAS PARA UM JOVEM CIENTISTA

Além do problema de egos e vaidades infladas, outras dificuldades se apresentam na busca pelo descobrimento, especialmente para o iniciante na jornada acadêmica de formação. Não pretendo aqui esgotá-las, mas apenas apresentar algumas que me parecem mais imediatas para os interessados. Se você está prestes a entrar na universidade e almeja de forma motivada aprender ciência, não se assuste com o que vai encontrar pela frente. O ambiente universitário provavelmente será bem diferente daquele que você imaginou ao longo de sua experiência educacional pregressa. O nível de exigência focado no desempenho individual é bem maior do que você está acostumado:

O que caracteriza o conhecimento científico

seus professores agora passam a indicar o caminho a ser trilhado ao invés de construí-lo para você trilhar. Isso assusta e se alia a um ambiente novo, com novos colegas que você ainda não conhece. Se você estiver se preparando para cursar uma universidade pública no Brasil, se prepare também para encontrar uma realidade estrutural deficitária, com ambientes nem sempre salubres e agradáveis e, às vezes, com ausência de elementos básicos de conforto, como ventilação e consequente calor excessivo em salas de aula. As universidades públicas brasileiras ainda padecem de outro grave problema, que é a ausência ou baixa ocorrência de serviços eficientes de orientação e apoio aos novos alunos, algo muito incentivado e valorizado em universidades competitivas nos países em que a ciência é uma prioridade. Tais serviços de apoio e orientação são fundamentais para facilitar a difícil transição e a necessária compreensão do mundo universitário e de seu funcionamento. Infelizmente, em nosso país, a valorização da carreira científica é pequena se comparada a outras profissões. Há muitas dificuldades que poderiam ser superadas se a visão de universidade que temos fosse diferente, e a ciência fosse mais valorizada. No momento em que escrevo este texto, não vejo qualquer iniciativa concreta e abrangente no Brasil (com exceção de algumas ações isoladas e de curto alcance) que encare realmente este problema para melhorar a ciência brasileira.

Faço esse alerta porque as várias características que descrevi são reais, e se você está se preparando para entrar em uma universidade, acabou de entrar ou pretende fazer sua pós-graduação, tais adversidades serão vivenciadas, mesmo que você não consiga, em um primeiro momento, ter clareza delas. Mas o que proponho para superar e aprender a lidar com essas adversidades? O convite é simples, mas não necessariamente simples de implementar. Motive-se pela razão primária de existência da ciência, conhecer acuradamente a realidade da natureza. Motive-se pelo fato de a ciência nos fornecer a possibilidade de um senso estético de compreensão e maravilhamento do universo. Motive-se porque a ciência permite-nos aprimorar a condição humana. Por ser um cientista que estuda o poder da situação como determinante de nossos pensamentos, sentimentos, emoções e comportamento eu reconheço que é muito difícil, em uma situação adversa, motivar-se por uma característica assim, tão intrínseca. Como exemplo próprio, o que continua a me motivar a fazer ciência (e a escrever este livro) é esta janela de possibilidades de entendimento que apenas a ciência pode oferecer. Tive, ao longo destes mais de 20 anos de vida na universidade, muitos momentos de dificuldades e várias vezes pensei em desistir. Mas sem dúvida o que manteve minha firmeza de propósito até o momento é esse maravilhamento e essa possibilidade de dar sentido à minha existência que só a busca do conhecimento pela ciência proporciona. Acho que isso pode valer para você também. Então, não se deixe desanimar ao longo da jornada, que, apesar das adversidades, pode se revelar inestimável se o verdadeiro propósito de fazer ciência for realmente compreendido.

A psicologia humana e o conhecimento científico

Há uma limitação desconcertante de nossa mente: nossa confiança excessiva no que acreditamos saber e nossa aparente incapacidade de admitir a verdadeira extensão da nossa ignorância e a incerteza do mundo em que vivemos.

Daniel Kahneman

Para compreender como e por que o conhecimento científico é a forma mais eficiente que temos para apreender a realidade, é preciso entender as características do aparato que dispomos para tornar conhecido o que nos cerca: a cognição. Trata-se do mecanismo que o cérebro utiliza para compreender a realidade à nossa volta e para compreender a nós mesmos. Ainda que pareça muito sofisticada, a cognição é imperfeita. Pense um pouco: por mais que a evidência de funcionamento do ômega 3 não estivesse clara, quanto você aceitou do argumento de autoridade do vendedor, que contou sobre a pesquisa de uma importante universidade confirmando sua eficácia? Acreditar na fonte do argumento e não no argumento em si é um dos vieses de compreensão do que está à nossa volta. Este capítulo trata dessas questões.

* * *

Ciência e pseudociência

A imperfeição em assimilar a realidade começa com nossa baixa capacidade de captar informações por meio de nossos sentidos básicos. Somos capazes de enxergar apenas até determinado limite de tamanho dos objetos. Nossa acuidade visual, por melhor que seja, não consegue detectar objetos cujo tamanho se encontre abaixo desse limiar. Nossa incapacidade de ver também é verdadeira para diferentes tipos de manifestação de um fenômeno vital para nossa existência: a luz. Além de você ser incapaz de ver a partícula básica que constitui a luz, o fóton, não é possível enxergar a luz que se manifesta fora do espectro observável, como o infravermelho ou o ultravioleta. Esses espectros também são manifestações da luz, mas seu olho é incapaz de captá-los ou seu cérebro incapaz de processá-los. As mesmas limitações perceptuais são verdadeiras para outros sentidos, como a audição, que não capta sons fora de uma amplitude de frequência específica, e seu tato, que é capaz de captar informações de elementos com um tamanho mínimo específico. Somos incapazes de compreender claramente as enormes distâncias entre objetos no universo, ainda que tenhamos uma noção relativamente apurada de distância para os objetos com os quais interagimos. Tampouco somos capazes de compreender adequadamente a manifestação da velocidade dos objetos, pois somos hábeis apenas para captar a velocidade e o tempo dentro de uma escala limitada. A nossa limitação de apreensão da realidade começa, portanto, pelos sentidos, porta de entrada para o entendimento do mundo, a porta de entrada da cognição.

Nossa espécie teve um cérebro moldado pela evolução, a partir de determinados condicionantes, para garantir sua adaptação. Essa história evolutiva determinou certas características funcionais. Nesse contexto, a ciência e o desenvolvimento tecnológico tiveram papel central para expandir as fronteiras dessas limitações.[18] Se não fosse o desenvolvimento de tecnologias de ampliação da visão, como o microscópio ou o telescópio, até hoje seríamos incapazes de compreender que a realidade do universo é muito maior do que o conhecimento que nossos sentidos nos permitem acessar.

A história evolutiva da espécie nos dotou de um equipamento cognitivo de grande potencialidade. A ciência da evolução e suas aplicações para compreender nossa espécie têm trazido um entendimento fundamental sobre ele. O estudo da mente humana é um empreendimento desafiador e importante, seja pelo seu caráter aplicado para resolver problemas práticos, seja pelas respostas que traz a questões básicas de nossa natureza. Nesse desafio, nada mais coerente do que entender como o cérebro evoluiu, fruto do mesmo processo de seleção natural de todas as outras espécies.

O cérebro é a base biológica da mente. Sem cérebro, não há mente. A noção dualista, isto é, de que cérebro e mente são elementos distintos, sistematizada pela filosofia cartesiana do século XVII e ainda presente em várias compreensões filosóficas sobre o comportamento humano, acabou por produzir um erro que atualmente a ciência reconhece e procura eliminar. Tal erro foi identificado e criticado em diferentes momentos da história da Psicologia, mas foi o advento do estudo do cérebro, principalmente a partir da década de 1990, que permitiu uma síntese do que hoje é aceito: a compreensão de que o cérebro é a base biológica da Psicologia (ou da mente) e que ele está integrado ao comportamento. Esses elementos integrados são os recursos para entender o mundo à nossa volta. Compreender a história evolutiva do cérebro é o primeiro passo para entender as características do funcionamento da cognição e seu esforço para atribuir significado ao que nos rodeia. O nível evolutivo[19] nada mais é do que um dos níveis de análise para entender o fenômeno. Autores têm apresentado modelos explicativos da evolução do cérebro e da cognição humana (ex.: Pinker, 1998, 2004).

As crenças que desenvolvemos para explicar e fornecer sentido ao que existe são uma das estruturas da cognição. Especificamente sobre a evolução das crenças, Blancke e Smedt (2013) sintetizam uma série de fatores importantes para compreender por que o endosso à forma de funcionamento da ciência (i.e., racional, falibilista etc.) exige esforço para se ajustar à estrutura cognitiva. O princípio geral que a Psicologia evolucionista postula é que a mente humana evoluiu por meio de sistemas que dão conta de tarefas e demandas pontuais. Tais sistemas são uma resposta a desafios adaptativos com os quais nossos ancestrais se defrontaram, tais como evitar predadores ou localizar alimentos. Isso implica que, ainda que a sociedade tenha se tornado complexa e o conhecimento sobre o universo tenha aumentado substancialmente, nossa mente evoluiu alterando suas estruturas e seu funcionamento ao longo de várias gerações e se preparou para um modo de vida coletor-caçador. Essa preparação produz algumas características de funcionamento, como o uso de atalhos mentais (falarei mais sobre isso adiante neste capítulo) que estão relacionados a um raciocínio intuitivo sobre mundo. Então, algo que pareça certo, sob o ponto de vista do julgamento intuitivo, tem grande chance de estruturar a crença de julgamento e ser considerado correto mesmo quando existem evidências contrárias à crença. Aí está um motivo de por que as crenças pseudocientíficas têm tanto apelo. Basta parecer correto, sem necessariamente ser correto a partir das evidências. Shermer (2012) argumenta que, primeiramente, formulamos a crença em algo e apenas depois desenvolvemos argumentos para justificá-la. Assim, primeiro acreditamos para depois racionalizar sobre o que queremos acreditar.

A Psicologia evolucionista permite compreender que a mente possui incompatibilidade com conhecimento de caráter falível (Shermer, 2012). Ela é preparada para o reconhecimento de padrões, pois tal tipo de capacidade foi bem-sucedida na sobrevivência em ambientes hostis. Essa capacidade, em essência, induz a um conhecimento estável, infalível. Imagine um ancestral naquele ambiente caçador-coletor, típico do desenvolvimento da espécie. A capacidade de reconhecer a alteração ambiental produzida por um felino predador na savana foi um fator muito importante para aumentar as chances de sobrevivência. Nossa habilidade em reconhecer mudanças ambientais e, a partir daí, estabelecer relações de causa e efeito entre os eventos foi crucial para a nossa adaptação. Shermer define essa característica do cérebro humano como *padronicidade*, que é "a tendência de encontrar padrões significativos em dados que podem ou não ser significativos" (Shermer, 2012; posição 221).

Há algumas décadas, a pesquisa em Psicologia tem descrito necessidades psicológicas básicas, ou seja, mecanismos que funcionam como motores de nossa psicologia. A necessidade de compreender de forma precisa e acurada o que nos cerca é uma destas necessidades (Aronson, Wilson e Akert, 2002; Myers, 2014). A busca por uma exata compreensão nos motiva a elaborar explicações racionais e eficientes para dar significado ao que percebemos. Do ponto de vista evolucionista, a padronicidade é o elemento constituinte dessa necessidade de ser acurado. A busca por padrões possibilita o estabelecimento de relações entre eventos que percebemos no mundo, servindo como base para a construção de explicações acuradas.

Pesquisas recentes em Psicologia têm mostrado como o endosso a crenças infalsificáveis serve para a satisfação da necessidade de acurácia (Friesen, Campbell e Kay, 2015). As crenças infalsificáveis se adequam coerentemente à necessidade de acurácia, pois fornecem um conjunto conexo e, muitas vezes, elegante de argumentos. Possuir crenças infalíveis funciona como uma estratégia psicologicamente adaptada para elaborar compreensão precisa, estável e segura. Isso porque tais sistemas, por serem estáveis e não sujeitos à incerteza, possuem uma vantagem psicológica em relação aos sistemas de crença baseados em conhecimento incerto e provisório (Friesen, Campbell e Kay, 2015).

Um dos problemas decorrentes dessas necessidades psicológicas básicas reside no fato de que a cognição produz vieses que atrapalham a capacidade de alcançar explicações precisas do mundo. Ainda que pareçam lógicas, racionais e coerentes, muitas de nossas explicações falham em ser precisas. Por exemplo, a busca pela padronicidade pode, e frequentemente o faz, estabelecer relações que verdadeiramente não existem. Tais relações vazias de sentido se dão de diversas formas e é fácil encontrar exemplos de como ocorrem. Elas podem acontecer de modo reverso e até como coerência argumentativa para retroalimentar crenças falsas de forma infinita.

Os casos das premonições se encaixam para exemplificar esse ponto. Em novembro de 2014 foi amplamente divulgada a premonição de um vidente que havia registrado em cartório, anos antes, sua visão de que um avião da rota São Paulo-Brasília cairia em um prédio da avenida Paulista.[20] Como usualmente ocorre nesse tipo de situação, o fato não ocorreu. No entanto, esse fato não levou, necessariamente, à derrocada da crença premonitória, mas sim à produção de uma série de argumentos pós-facto que justificavam a não ocorrência do acidente graças à premonição, como a maior manutenção preventiva por parte da companhia aérea, a mudança do horário e número do voo. Para o vidente, considerando que havia divulgado previamente a profecia, foram justamente tais providências que evitaram o "inevitável". A ilusão da correlação, nesse exemplo, se dá porque acredita-se que a premonição foi o que evitou o acidente, reforçando uma espiral de crenças a partir de argumentos que confirmam as expectativas, desconsiderando-se todos os outros casos de profecias que falharam. Enxerga-se, portanto, correlação quando ela não existe.

A demanda por uma compreensão estável está no cerne de nossa psicologia. Essa compreensão é incompatível com o caráter transitório e falível pelo qual a ciência consegue avançar no entendimento do universo. A necessidade de previsão e controle estáveis é uma das barreiras para que as pessoas apreendam o conhecimento científico. Isso também é um dos motivos pelos quais a pseudociência, a religião e as ideologias políticas são sistemas de crença muito atraentes, pois apregoam conhecimento final e verdades absolutas, o que é compatível com nossas necessidades psicológicas de precisão.

O cérebro é uma máquina extremamente complexa. Um dos produtos do cérebro, muito importante e que nos fornece os elementos para sabermos que nós somos nós, é o que chamamos em psicologia de *Self*.[21] Roy Baumeister (2010) define o *Self* como um processo psicológico que possui três funções: a primeira é a capacidade de autoconhecimento, autoavaliação, e diz respeito à nossa habilidade de refletir sobre nós mesmos; a segunda é a de relacionamento interpessoal, pois muito do que sabemos sobre nós ocorre graças ao que conhecemos sobre os outros, reconhecendo as similaridades e diferenças com quem convivemos, o que ajuda a definir quem somos; e a terceira é a função executiva, a ideia de que somos agentes do nosso comportamento, dos nossos julgamentos, de nossas tomadas de decisões.

O *Self* indica, portanto, que nós somos nós, diferente de outros, que possuímos memórias de eventos particulares, que dão a dimensão de quem somos e do que seremos. Ele dá evidências de que executamos nossos comportamentos, construímos crenças e explicações do mundo, produzindo sentido e significado sobre o que está à nossa volta. Trata-se de um mecanismo de extrema importância do ponto de vista psicológico porque é, na verdade, a experiência que temos de nós mesmos, de nossa consciência pessoal. Se existe um processo que ainda precisa ser mais bem compreendido em ciência é o do fenômeno da consciência, sobre como ela se estrutura, se constitui e se organiza em suas bases cerebrais. Como disse Antônio Damásio (2000: 18):

> Nenhum aspecto da mente humana é fácil de investigar, e, para quem deseja compreender os alicerces biológicos da mente, a consciência é unanimemente considerada o problema supremo, ainda que a definição desse problema possa variar notavelmente entre os estudiosos. Se elucidar a mente é a última fronteira das ciências da vida, a consciência muitas vezes se afigura como o mistério final da elucidação da mente. Há quem o considere insolúvel.

Os mecanismos neurais e psicológicos que criam consciência são complexos (Harris, 2015). Muito já se descobriu sobre tais mecanismos nas últimas três décadas, mas outros aspectos ainda precisam ser desvendados para o esclarecimento do processo da consciência. No entanto, a experiência pessoal de consciência é extremamente forte e refere-se a uma parte expressiva de nossa experiência psicológica subjetiva. Como disse anteriormente, a base reflexiva do *Self* fornece o conteúdo e os afetos de quem somos, a base interpessoal nos diferencia de outros e ao mesmo tempo nos indica os aspectos sociais de quem somos. Por fim, a função executiva do *Self* nos indica que somos agentes do nosso comportamento, produtores de crenças e conhecimentos que nos situam e nos permitem navegar no mundo. Mas, na verdade, toda essa experiência que temos com nós mesmos é o resultado de mecanismos neurais e processos cognitivos que redundam no *Self*. Essa experiência forte, impactante de que nós somos nós é o substrato de um conjunto complexo de sistemas e processos neurais, que são a base biológica de nossa mente e dos processos cognitivos. Você não tem consciência, por exemplo, de todos os mecanismos eletroquímicos de seu cérebro que estão em ação para que seja possível se recordar do biscoito que comia na casa de sua avó na infância, nem das brincadeiras no ensino infantil. Mas a recordação em si,

Ciência e pseudociência

como todos os demais elementos impressos na memória, é algo de que você pode ter consciência. Por isso tudo, no final das contas, o *Self* é uma ilusão. Ele é apenas o produto dos intrincados e ainda não completamente compreendidos processos neurais e mentais que constituem a consciência. Então, sob esse ponto de vista, essa experiência é uma ilusão, pois é o resultado de um sem-número de outros processos e mecanismos que nem conseguimos ter ideia de que estão em ação para resultar nessa experiência de Eu.

Self e os vieses cognitivos

É difícil pensar na consciência como uma ilusão, não é mesmo? Tente refletir sobre isso por alguns instantes. Estou certo de que você consegue fazer esse exercício. A faculdade de metapensamento é um exercício para ir além da limitação imposta pela própria impressão de que somos o *Self*, este agente que controla nosso comportamento e dá significado ao que está à nossa volta. Pois bem, esse agente, como já expliquei, é uma estrutura cognitiva organizadora do mundo, que informa sobre o que sabemos do universo e de nós mesmos. As informações que utilizamos para tornar esse mundo compreensível são baseadas nesse agente. Tendo isso em mente, entenda a ciência e os instrumentos científicos como uma "prótese" que aumenta e expande sua percepção do mundo para além do que o agente permite compreender.

Bom, mas a esta altura do livro já deve ter ficado claro que apreender o universo sob uma perspectiva científica não é unicamente utilizar esses aparelhos de expansão de nos-

72

A psicologia humana e o conhecimento científico

sa percepção para coletar dados que não conseguimos captar pelos nossos sentidos. Vai além disso. Nesse momento, a questão central é a compreensão da incerteza do que sabemos. Entender o que significa a incerteza é um exercício fundamental, mas também algo paradoxal devido à forma como nossa cognição dá ordem e sentido ao mundo ao nosso redor, em função do mecanismo da padronicidade.

Quando se fala em certeza e exatidão, muitas pessoas, de forma intuitiva, pensam logo em números e na matemática. Você também? Pois é, mas é interessante notar que essa concepção é equivocada e imprecisa. No fundo, os matemáticos são os profissionais que desenvolvem as estratégias mais eficientes conhecidas para aferir a incerteza. O que os cientistas fazem é aplicar o sofisticado raciocínio matemático sobre a incerteza para compreender os limites e alcances do que sabemos sobre o universo. No final das contas, o que os cientistas concluem de suas pesquisas, por meio da aplicação da matemática aos dados coletados, nada mais é do que a aferição do quanto podem estar errados. Para entender isso, pense nas pesquisas de intenção de voto, típicas de anos eleitorais. A maioria dos meios de comunicação divulga essas pesquisas falando em margens de erro e níveis de confiança. Esses termos são, unicamente, uma forma de expressar a chance de acerto e, por consequência, conhecer o nível de erro. Essas são ferramentas para se lidar com incertezas. Existem outras, mas o princípio básico é o mesmo: saber o quanto estamos errados.

A visão geral que nosso *Self*-agente fornece do mundo é algo racional, logicamente organizado e que funciona como um preenchedor de lacunas de eventuais informações faltantes. Ainda que muito provavelmente você nutra essa visão racional sobre si mesmo, o que os modelos contemporâneos de entendimento da cognição mostram é que essa percepção de racionalidade não passa, também, de uma ilusão. Atualmente, há um corpo robusto de evidências nas ciências cognitivas e comportamentais, como a Psicologia e a Economia, que indicam que a racionalidade humana é um tanto irracional e isto se torna evidente quando tratamos de incerteza.

No início da revolução cognitiva,[22] a metáfora e visão da Psicologia humana nos remetiam à ideia do computador, tecnologia que dava os primeiros passos em sua popularização. Por isso, nos vinha à mente a ideia de um homem racional, muitas vezes como um cientista leigo (Fiske e Taylor, 2017). Entretanto, as últimas décadas de pesquisa modificaram radicalmente esse entendimento. No início da década de 1970, estudos já começaram a mostrar que a cognição é composta por procedimentos de tomada de decisão de pouca ou nenhuma racionalidade. O pioneiro e talvez pai dessa ideia, Daniel Kahneman, recebeu o prêmio Nobel de Economia em 2002 devido à influência de seus estudos na tomada de decisões econômicas. Kahneman lançou um livro de divulgação científica que sintetiza esse modelo de compreensão da cognição: *Rápido e devagar: duas formas de pensar* (2012).

A ideia de um sistema dual de processamento implica considerar que duas formas de pensamento constituem nossa cognição. A primeira é usualmente denominada de Sistema 1 e tem como principais características: ser inconsciente, não intencional, rápida, sem esforço, associativa, afetiva, rígida, intuitiva e categórica. A segunda forma tem sido denominada de Sistema 2 e possui como principais características: ser consciente, intencional, lenta, com esforço, lógica, neutra, flexível, racional e individualizada. Há uma forma simples de exemplificar esses dois sistemas de pensamento. Convido você, então, a fazer operações matemáticas. Vamos lá? Quanto é 2 + 2? Imagino que você já tenha a resposta, não é mesmo? Agora outra conta: quanto é 13 x 374? Bem, julgo que agora você ainda não deve ter a resposta, especialmente se seguiu a leitura. Se parou para resolver, mesmo que "de cabeça", antes de prosseguir a leitura, é porque demandou mais fatores para resolver a segunda questão do que a primeira. A primeira operação é muito mais fácil de ser resolvida porque trata-se de um atalho, cujo processamento foi aprendido desde as primeiras experiências com esse tipo de problema. É um exemplo que se aproxima do tipo de processamento do Sistema 1, rápido, sem esforço. Já a segunda operação exige maior atenção e reflexão, sendo um exemplo que se aproxima do processamento do Sistema 2, que demanda maior esforço, é intencional e lento. No nosso cotidiano, essas duas formas de pensamento não operam de forma isolada, mas sim em interação. O fato é que a forma intuitiva de pensamento tem se mostrado preponderante em muitas situações, como quando tomamos decisões em momentos em que não temos clareza total sobre os resultados, ou seja, quando é incerta a consequência de nossa decisão (Kahneman, 2003).

A teoria da perspectiva de Kahneman foi desenvolvida para explicar como tomamos decisões em situações incertas. Essa teoria explica que as pessoas tendem a evitar a perda por meio de escolhas que aparentam ter resultado certo em detrimento daquelas que indiquem mera probabilidade de acerto. Um dos cenários mais conhecido da pesquisa feita por Kahneman e seus colegas apresentava uma situação hipotética sobre uma epidemia que iria acometer uma população matando 600 pessoas. Dizia-se aos participantes que se conhecia previamente a efetividade de cada estratégia para salvar vidas. A tarefa do participante era escolher uma entre duas estratégias para prevenir a doença. Na estratégia A 200 pessoas seriam salvas. Na estratégia B havia uma probabilidade de um terço de que 600 pessoas seriam salvas. A maioria dos pesquisados tendia a escolher a estratégia A, pois ela produz uma sensação psicológica de certo, evitando a perda de pessoas e a incerteza do resultado presente na estratégia B. Esse pensamento intuitivo de evitar a perda e se afastar do incerto é característico de nossa cognição.

O fato é que o pensamento intuitivo é parte integral de nosso modo de apreender o mundo e, por seu caráter inflexível, ele apresenta um grau elevado de incompatibilidade com a forma como o conhecimento científico é produzido. Pelo fato de a ciência lidar com a incerteza (a dinâmica reflexiva e de confronto que ela nos fornece para compreender a realidade), ela acaba exigindo que a intuição deixe de ser considerada a rédea do pensamento. Não estou sugerindo que intuição e racionalidade sejam mutuamente excludentes, pois como o modelo dual da cognição (Evans, 2008; Fiske e Taylor, 2017) evidencia, elas são interativas e dependem uma da outra. No entanto, o pensamento do Sistema 2 guarda maior semelhança com a maneira pela qual a ciência funciona.

Partindo dessa compreensão da cognição humana, vários mecanismos cognitivos específicos foram descritos, com o objetivo de explicarem a forma interativa como os processos controlados e automáticos se relacionam. Há muitas situações em que processos automáticos sobrepujam os controlados, ainda que nossa ilusão de consciência do *Self*-agente acabe por dar a impressão de que temos o controle de tais mecanismos. Daniel Kanheman e seu colega Amos Tversky descreveram, na década de 1970, as chamadas "heurísticas", provavelmente os primeiros processos automáticos de julgamento largamente documentados e investigados (Kanheman, 2012). As heurísticas são atalhos mentais para se fazer julgamentos de forma rápida e eficiente.

Uma das heurísticas descritas pelos autores é a chamada "heurística de representatividade". Imagine que você se encontra com uma pessoa que nunca viu, mas nota em seu sotaque que ela pronuncia a letra "r" de forma expressiva com um som saído da garganta, além de "puxar" o "s" nas palavras. Se você é um brasileiro que já conviveu com cariocas deverá facilmente identificar esse tipo de sotaque. A classificação desse desconhecido como pertencente à categoria social carioca, com base em um rápido contato com o seu jeito de falar, é um exemplo da heurística de representatividade como atalho mental.

Em muitas situações, o uso dos atalhos funciona, é eficiente e preciso. Mas há outras situações em que o uso de atalhos pode levar ao erro. Muitas heurísticas foram descritas e classificadas, como as de ancoragem, acessibilidade, simulação, aprovação social, entre outras. Trabalhos como o do psicólogo alemão Gerd Gigerenzer fazem uma compilação e descrição detalhada em diversos livros, como em *Calcular o risco* (2005).

Como vimos, as heurísticas são um tipo específico de processo cognitivo que caracteriza o Sistema 1. Vários outros mecanismos e processos foram descritos na pesquisa na área. Os estudos de muitos desses mecanismos intuitivos da cognição possibilitaram a descrição de um conjunto de processos que passaram a ser genericamente nomeados de "vieses" ou "erros cognitivos". Esses vieses na verdade são subprodutos da maneira como a cognição funciona e que fazem com que nossa forma de analisar o mundo tenda a ser errônea em muitas situações, ainda que posam ser eficientes e precisas em muitas outras circunstâncias. Entretanto, como não somos capazes ou não temos motivação para evitar esses erros em muitas das situações em que elaboramos entendimentos sobre o que nos cerca, os vieses acabam por estruturar nossas crenças, que não são necessariamente precisas para dar sentido ao mundo.

Esses vieses cognitivos explicitam a grande influência dos processos intuitivos em nossas cognições. Um exemplo de viés que bem ilustra como esses mecanismos afetam nosso julgamento e a forma como construímos crenças para compreender o mundo é o efeito "melhor do que a média". Bem documentado a partir de meados da década de 1970, esse efeito descreve nossa tendência a considerar nosso comportamento ou desempenho como superior ao da maioria dos indivíduos, enaltecendo nosso *Self* (Fiske e Taylor, 2017). Quando foi solicitada, em uma pesquisa, uma autoavaliação do desempenho como motoristas, os participantes tendiam a indicar que seu desempenho era melhor que o dos demais. Considerando, porém, que o desempenho na condução de veículos possui uma distribuição populacional normal, é de se considerar que, para a maioria dos motoristas, esse desempenho na direção seria em torno do valor médio. Portanto, uma apreciação em que a maioria julga que seu desempenho é superior do que o dos outros nos indica uma falácia perceptual de ser melhor do que a média. Esse efeito é também observado em outros tipos de desempenho. Considere, por exemplo, o comportamento de vários proprietários de cães que passeiam com seus animais em locais públicos sem guias e coleiras. Em geral, esses proprietários racionalizam que seus cachorros são muito dóceis ou que obedecem de forma muito eficiente aos seus comandos de voz. Na verdade, trata-se de um comportamento temerário, porque a ausência de guia no cão

A psicologia humana e o conhecimento científico

implica menos controle sobre um animal que interage com muitos fatores em ambientes públicos, a exemplo de outros animais, fazendo com que o controle seja basicamente impossível. Nota-se que os processos de racionalização desses proprietários fazem com que eles superestimem sua capacidade de controle, tanto de seus próprios cachorros, quanto de outros animais que estejam passeando no mesmo ambiente. Acidentes com cães são corriqueiros nesse tipo de situação. O efeito melhor do que a média é, portanto, mais um viés cognitivo, um subproduto dos mecanismos que estruturam nossa mente.

A "correlação ilusória" é outro viés cognitivo relevante para compreender a formação de crenças. Em geral, associamos fenômenos com base em poucas informações, aquelas que podemos acessar por meio de nossas relações diárias. A correlação ilusória é fazer uma associação quando ela não existe, mas que foi formada por meio de observações pessoais a partir de poucas evidências. O caso dos estereótipos sociais exemplifica essa ideia. Se alguém possui um estereótipo de que as pessoas tatuadas são agressivas, então a correlação ilusória é uma associação entre indivíduo tatuado e comportamento agressivo. Ela se beneficia muito de outro erro cognitivo, o "viés de confirmação", que é a tendência a observar evidências que confirmem nossas crenças prévias sobre determinado assunto ou fenômeno. Nesse caso, se acredito que tatuados são agressivos, então o viés de confirmação fará com que eu busque evidências confirmatórias dessa associação quando presenciar uma cena de agressão (ver a tatuagem no agressor) e ignorar evidências contrárias (não me lembrar de episódios de agressão cometida por pessoas não tatuadas). A lista de vieses cognitivos é grande e uma síntese dos que considero centrais está na Tabela a seguir, com o nome e suas principais características.

Ciência e pseudociência

TABELA – LISTA DE VIESES COGNITIVOS SELECIONADOS

Título do viés	Definição
Ancoragem (heurística)	Atalho de tomada de decisão em que o julgamento é afetado por uma informação inicial prévia, que influencia a decisão final.
Atencional	Tendência a focarmos mais a atenção nos elementos conhecidos ou coerente com nossas expectativas, fazendo com que sejamos mais hábeis em recordar, posteriormente, aquilo que é coerente com as expectativas.
Confirmação	Tendência à busca de informações na memória ou no ambiente que validem as expectativas que possuímos a respeito de determinado tema ou objeto.
Correlação ilusória	Tendência a estabelecer associação entre eventos baseada em poucas informações, geralmente advindas da experiência pessoal.
Disponibilidade (heurística)	Atalho de julgamento em que a informação mais acessível na memória é utilizada para a tomada de decisão.
Estereotipização	A aplicação do estereótipo de um grupo social a indivíduos.
Ilusão de controle	Tendência a superestimar nosso controle sobre situações, eventos ou indivíduos.
Otimismo irrealista	Tendência a avaliar de forma positiva situações ou ocorrências de natureza incerta, principalmente eventos futuros.
Percepção seletiva	Tendência a perceber eventos no ambiente que são coerentes com as expectativas. Eventos coerentes com as expectativas tendem a atrair mais atenção.
Representatividade (heurística)	Atalho de julgamento que considera os exemplos (protótipos) que conhecemos para fazer um julgamento ou emitir uma opinião.

A psicologia humana e o conhecimento científico

Dentre os vieses apresentados na Tabela, o de "confirmação" é de fundamental importância para entendermos como nossa cognição é limitada para apreender a realidade. Como já exposto por outros autores (Lilienfeld, 2010), o maior benefício que a ciência fornece ao pensamento humano é diminuir a influência que o viés de confirmação nos impõe para compreender a realidade. Acreditar naquilo que queremos acreditar significa confirmar as expectativas que já possuímos para explicar a realidade, buscando evidências que as confirmem. O pensamento científico funciona de uma maneira, por meio do ceticismo e do princípio da falseabilidade, em que a procura por confirmação é desacreditada, redirecionando nossa atenção para que possamos também enxergar evidências que contradigam o que possuímos de expectativa. A partir dessa eficiente estratégia, o pensamento científico diminui a ocorrência do viés de confirmação, permitindo que não caiamos na situação circular e viciosa de confirmar aquilo em que já acreditávamos. Lembrar-se sempre de que podemos acreditar em algo errôneo é o melhor exercício que podemos fazer para conhecer a realidade.

Um exemplo prático de como a ciência emprega estratégias para evitar o viés de confirmação foi apresentado no início do capítulo "O que caracteriza o conhecimento científico", quando falei sobre como asserções científicas devem ser passíveis de falsificação. Retomando o caso dos passes espirituais, é necessário para se testar a afirmação de que passes espirituais reduzem a ansiedade que os cientistas confrontem aquilo que julgam ser uma explicação para a realidade (i.e., passes espirituais diminuem ansiedade) com outras explicações alternativas (i.e., terapias tradicionais

Ciência e pseudociência

que diminuem a ansiedade) ou a simples ausência de qualquer intervenção (i.e., um grupo de pacientes que não são tratados, deixando-se, simplesmente, que o tempo passe). É justamente para se evitar o viés de confirmação que esses confrontos são feitos. Veja, se apenas fizéssemos uma pesquisa em que o grupo com o tratamento dos passes fosse investigado, então não daríamos a oportunidade para que explicações alternativas fossem comparadas à nossa expectativa. Se os resultados do grupo que é tratado com passes espirituais levam a diminuição de ansiedade, mesmo que minimamente, então podemos chegar a essa conclusão, graças ao viés de confirmação (afinal de contas nossa expectativa não é a de que os passes diminuem a ansiedade? Não é por isso que estamos fazendo a pesquisa?), comprovando que nossa explicação "funciona". Um trabalho científico utiliza um método que minimiza a chance de o viés de confirmação dominar o pensamento. Nesse exemplo, o método utilizado foi o de comparar os passes com outros dois grupos, um com outra terapia e o terceiro sem nenhuma intervenção, o chamado "grupo controle". Somente com estratégias como essa é que somos capazes de minar nossa tendência a acreditar no que queremos acreditar, a evitar o viés de confirmação.

Como pôde ser visto na Tabela, muitos são os vieses que a cognição produz para depreender a realidade que nos cerca. Não é minha intenção ser exaustivo na apresentação de todos vieses já descritos, mas desejo demonstrar que esses mecanismos, ainda que bastante eficientes do ponto de vista da história evolutiva de nossa espécie, tendem a demonstrar inflexibilidade, buscam por padronicidade e podem levar, frequentemente, ao erro. Ainda que tenhamos, no geral, uma visão racional sobre nós mesmos, no final das contas nossas ferramentas de fábrica para compreender o mundo são bastante intuitivas e irracionais. Como já argumentei anteriormente neste livro, a forma como a ciência produz sentido da realidade demanda um pensamento flexível, cético e racional do mundo. Há, nesse caso, uma evidente incompatibilidade com boa parte do funcionamento de nossa cognição.

Uma postura científica de compreensão do mundo não é inata ou facilmente adquirida. Na verdade, a evolução nos paramentou com um mecanismo cognitivo que é inflexível na maioria das situações, que lida mal com a incerteza e acaba fazendo com que nos afastemos dela. Exige menos esforço cognitivo depositar as fichas em sistemas de conhecimento fechados, não falsificáveis, que nos distanciam da incerteza (Confer et al., 2010; Friesen, Campbell e Kay, 2015). Isso confere maior estabilidade para predições sobre o mundo, trazendo conforto psicológico. Por tais características, sistemas infalsificáveis são psicologicamente atraentes, pois se ajustam mais facilmente a essa demanda de afastamento da incerteza e busca de precisão (abordarei mais essa questão da atratividade do pensamento infalseável no próximo capítulo). Entretanto, é perfeitamente possível transpor essa barreira para lidar bem com a incerteza. A ciência é o principal exemplo disso e constitui a forma mais eficiente desenvolvida para melhorar nossa condição de vida (Mlodinow, 2015), bem como lograr explicações eficientes e racionais para os mais básicos dilemas que nos assolam.

Os Escaninhos Mentais

> Acredito que deveríamos exigir que os outros tentassem obter para si, dentro da cabeça, um quadro mais coerente de seu mundo; que não se dessem ao luxo de ter o cérebro cortado em quatro partes, ou mesmo duas, e de um lado acreditarem nisso, do outro acreditarem naquilo, mas nunca tentarem comparar os dois pontos de vista. (Feynmann, 2015: posição 1652.)

Uma questão aparentemente paradoxal surge quando nos deparamos com o caráter distinto, até oposto, entre a forma como a psicologia humana trata da construção de significado do mundo e a maneira como a ciência nos ensina a compreender o universo. De um lado, está a padronicidade, que motiva a buscar conhecimento estável, no qual as predições de compreensão do mundo sejam seguras e certas. Do outro, está o caráter incerto, provisório, que o conhecimento científico fornece. Tais sistemas de crença são incompatíveis por sua natureza. Como lidamos com esta incompatibilidade? Como acomodar sistemas de crença de bases tão distintas na mesma mente?

A manutenção de sistemas de crença incoerentes começa a ser esclarecida quando nos debruçamos sobre os processos cognitivos da mente. Trabalhos recentes têm reafirmado a intuitiva adesão das pessoas a ideologias infalsificáveis (Friesen, Campbell e Kay, 2015). Friesen e colaboradores, a partir da descrição de motivadores da psicologia humana, argumentam que o endosso a crenças infalsificáveis possui dois benefícios. O primeiro é o ofensivo, que permite às pessoas mantê-las de maneira mais firme atacando evidências contrárias; o segundo é defensivo, fazendo que as pessoas reconstruam suas crenças tendo por base justificativas in-

A psicologia humana e o conhecimento científico

falsificáveis, mantendo a resistência aos fatos que as contradigam. Por exemplo, se uma pessoa acredita que a Terra é plana e busca manter sua crença, uma estratégia ofensiva seria atacar argumentos contrários, desqualificando-os, como ao argumentar que a foto do planeta em forma de esfera foi tirada pela Nasa, que é uma das corporações que querem manter o pacto de mentira global sobre o assunto. Seria um exemplo de uma estratégia defensiva argumentar que uma esfera não poderia manter água em estado líquido sem perdê-la para a gravidade e, portanto, apenas um planeta em formato plano seria um recipiente adequado para manter rios e mares. Os mecanismos psicológicos ofensivos e defensivos para manutenção de crenças infalsificáveis são aplicáveis a qualquer tipo de sistema, como pseudocientíficos, religiosos ou ideológicos.

A pesquisa indica a existência de diferentes motivações para a cognição humana (Fiske e Taylor, 2017), incluindo a "acurácia", ou seja, a busca pela resposta que aparente ser a mais próxima da realidade. A crença em sistemas infalsificáveis também pode ser entendida como uma motivação humana básica. O endosso a tal tipo de sistemas de crença é o cerne de um mecanismo motivacional humano, relacionado a nossa história evolutiva, e que nos ajuda a compreender por que o apoio a sistemas de crença infalsificáveis perdura mesmo após uma aprendizagem científica elaborada. Tal persistência ocorre, inclusive, em cientistas bem treinados. É bem verdade que uma das formas mais práticas e eficientes de resolver a incoerência entre sistemas de crença incompatíveis é desconsiderar (nesse caso por ignorância do conhecimento científico, propriamente) os sistemas de crença falíveis e endossar única e exclusivamente os infalíveis. Isso é perfeitamente ajustável às motivações psicológicas, ainda que existam motivações diferentes. Parece que essa solução é usual para parte da população, tendo em vista o predomínio da crença religiosa ou a enorme popularidade das crenças pseudocientíficas em detrimento de outros sistemas. Mas tal solução não é tão simples no caso de pessoas que conseguiram desenvolver uma visão racional de mundo. Nesse caso, como tais incompatibilidades entre sistemas de crença são resolvidas? Para isso, lanço mão de uma nova proposição conceitual: os Escaninhos Mentais (EM). Não se trata de um conceito novo, necessariamente, mas de uma aplicação específica para a resolução desse aparente paradoxo. A base para compreender o conceito de Escaninhos Mentais está nas teorias sobre equilíbrio e consistência cognitiva. Vamos a elas.

As teorias que versam sobre consistência e equilíbrio cognitivo buscam compreender como crenças diferentes se acomodam, se organizam e se equilibram em nossas cognições. Apesar da aparente racionalidade e coerência que a ideia de *Self* nos apresenta, o fato é que mantemos um conjunto de crenças que são inconsistentes entre si. Uma das situações mais corriqueiras para exemplificar esse fenômeno é o comportamento de fumar. A maioria dos fumantes possui crenças precisas sobre os males que o cigarro produz para a saúde. Elas são baseadas na quantidade de evidências produzidas pela ciência sobre os efeitos deletérios do cigarro para a saúde humana. Tais evidências são amplamente veiculadas pelos agentes de saúde pública, como pode ser observado nas regulamentações que definem as informações que devem ser apresentadas nas embalagens de cigarros, nas amplas campanhas de saúde pública, bem como nas orientações fornecidas pelos agentes de saúde a fumantes e não fumantes. Apesar do endosso a todas essas crenças, boa parte dos fumantes não abandona o hábito. Esse tipo de situação exemplifica o fato de que nossa estrutura cognitiva possui recursos peculiares para lidar com incoerências.

Um dos mais influentes sistemas teóricos da psicologia buscou elucidar como crenças dissonantes podem conviver na estrutura cognitiva dos indivíduos. Esse modelo foi proposto e sistematizado pelo psicólogo social Leon Festinger na década de 1950. A teoria foi nomeada de "dissonância cognitiva" e procurou explicar o processo pelo qual inconsistências eram acomodadas na cognição dos indivíduos, as quais podem ser entre duas crenças ou entre crenças e comportamento (Aronson, Wilson e Akert, 2002; Myers, 2014). A ideia geral da teoria pressupõe que uma inconsistência produz um estado dissonante que motiva o indivíduo a buscar uma resolução. Essa resolução é feita por meio de alguns procedimentos, como o indivíduo alterar sua crença, mudar seu comportamento ou adicionar crenças específicas que validem ou minimizem a discrepância. No caso do exemplo do fumante, uma eventual inconsistência poderia ser resolvida se o indivíduo: (a) parasse de fumar; (b) alterasse suas crenças de que o fumo traz prejuízos para sua saúde; ou (c) acrescentasse crenças específicas que acomodariam a inconsistência, como a crença extra de que o avô dele fumou até os 110 anos e morreu de um problema de saúde não relacionado ao fumo, o que o leva a julgar que, graças a sua ascendência, o fumo não lhe causará qualquer tipo de dano.

Ciência e pseudociência

O fato bem descrito, documentado e evidenciado pelas teorias de equilíbrio e balanço cognitivo e, especificamente, pela teoria da dissonância cognitiva é que possuímos, como vimos anteriormente, crenças inconsistentes entre si, bem como comportamentos que não se coadunam com as crenças que endossamos. Esse tipo de inconsistência de sistemas de crença também é verdadeiro para aqueles sistemas que utilizamos para compreender o mundo à nossa volta e são, por óbvio, mais complexos. A compreensão de inconsistência dessas teorias é útil para compreender por que os indivíduos mantêm sistemas de crença incoerentes sobre as mais diferentes dimensões da vida. Entre tais dimensões de incompatibilidade estão os sistemas de crenças infalíveis e os falíveis. Como já comentei no início desta seção, as pessoas, principalmente aquelas que tiveram algum acesso à educação científica e que também endossam crenças infalíveis, vivenciam estados de dissonância e necessitam de estratégias para redução ou resolução dessas supostas incoerências.

Para descrever como a resolução da dissonância se dá, propus o conceito dos Escaninhos Mentais, citados anteriormente. Os EM criam a condição na qual o equilíbrio cognitivo se restabelece. Eles são a compartimentalização de domínios cognitivos distintos que organizam dimensões diferentes de saber, o que possibilita a acomodação de sistemas de crença incompatíveis. Esses Escaninhos funcionam como espaços de crenças que produzem as condições psicológicas necessárias para equilibrar sistemas de crença incompatíveis. Dessa forma, torna-se viável para os indivíduos possuir crenças incongruentes, mas sem ameaçar o equilíbrio cognitivo preconizado nas teorias de balanço cognitivo.

A psicologia humana e o conhecimento científico

Tais segmentações de dimensões cognitivas podem se dar de diversas formas, como a compartimentalização em áreas temáticas específicas da vida dos indivíduos, sobretudo porque o conjunto de crenças aos quais me refiro é genérico o suficiente para ser aplicado a uma grande quantidade de temas distintos. Exemplos de compartimentalizações temáticas podem ser: vida profissional/vida amorosa; saúde e doença/ conhecido e desconhecido pela ciência; moral/imoral, entre outros. É evidente que essas compartimentalizações não são dimensões estanques, incomunicáveis. Elas são divisões criadas para a formação dos Escaninhos, e eles, por sua vez, criam a estrutura psicológica necessária para a resolução do emprego simultâneo de crenças incompatíveis.

Como forma de seguir na conceituação dos EM, abordarei a seguir dois exemplos: o das crenças pseudocientíficas e o das crenças religiosas. Ambos os casos têm como contraste o sistema de crenças científico. A incompatibilidade entre os sistemas se dá, como já deve ter ficado claro, pela infabilibidade vs. falibidade dos sistemas em contraste.

O principal elemento que sustenta os EM no caso da pseudociência é a ausência de conhecimento finalizado, fornecido pelo conhecimento científico, sobre determinado tema. Essa "lacuna" explicativa cria a justificativa plausível para a aplicação do conhecimento pseudocientífico. Como exemplo recorro a um problema de saúde corriqueiro: as alergias. Os fatores causadores ou desencadeadores das alergias são bem descritos pela Medicina, mas lacunas explicativas e imprecisões, bem como a não eficiência completa dos tratamentos, são suficientes para que as pessoas desenvolvam visões pseudocientíficas alternativas para o problema e seu tratamento. É comum que pacientes que se engajam em te-

Ciência e pseudociência

rapia medicamentosa para o tratamento de alergias não tenham o sucesso esperado na redução dos sintomas. Nesse tipo de situação, métodos pseudocientíficos alternativos são frequentemente utilizados, como é o caso dos tratamentos homeopáticos. É bastante documentado na literatura médica que a homeopatia possui efeitos iguais ao de um placebo[23] (Cucherat et al., 2000; Goldacre, 2013). Ademais, a teoria por trás da homeopatia também possui uma lógica e uma coerência interna bastante elaboradas, como é típico da pseudociência. Seu principal argumento teórico, desenvolvido por Christian Friedrich Samuel Hahnemann no início do século XIX, é de que a cura de determinados sintomas é possível por meio da exposição do paciente a doses mínimas da substância que provoca o sintoma (Randi, 2011). A partir desse pressuposto, os medicamentos homeopáticos são desenvolvidos com um princípio de diluição em água. Mas essa diluição é tão severa que, ao final do processo, nem uma molécula da substância original resulta no medicamento homeopático. Como pode se ver, a reinvindicação teórica da homeopatia advém de um argumento racional, mas as décadas de investigação nos dão provas de que seus efeitos não diferem do placebo. No entanto, a prática ainda é usual, inclusive reconhecida oficialmente no Brasil por conselhos profissionais.

Ao que tudo indica, os EM neste caso funcionam a partir de justificativas de racionalização ao estilo de: "se o tradicional não é capaz de resolver meu problema, porque não compreende adequadamente ou suficientemente o processo que está por trás da doença, então um 'modelo' alternativo de explicação deve funcionar". Nesse contexto é comum se observar o argumento de somatório, no qual a pseudociência

A psicologia humana e o conhecimento científico

complementaria a ciência. A lógica geral do argumento de somatório é o princípio de que a pseudociência é capaz de explicar temas e assuntos que a ciência não consegue explicar, então a primeira auxiliaria a segunda na compreensão do universo. Argumentos como o do somatório, formam a base de racionalização dos EM.

O pilar sobre o qual a ciência desenvolve o conhecimento sobre o universo é distinto daquele que sustenta os sistemas de crença infalíveis. Para justificar o emprego acrítico de ambos, é necessária uma racionalização, os Escaninhos Mentais. Mas ressalvo não ser necessário que os indivíduos possuam um conhecimento elaborado sobre os princípios de falibilidade *vs.* infalibidade para a criação das racionalizações. É suficiente o leve reconhecimento da incompatibilidade entre os sistemas para o desenvolvimento dos EM. Pessoas muito versadas em ciência também recorrem a racionalizações para a criação de seus EM. Nunca me esqueço de uma reunião de cientistas de que participei no Ministério da Ciência e Tecnologia em que um colega, durante uma informal e agradável conversa anterior à reunião, descreveu sua difícil batalha contra as alergias. Como estava passando por uma crise que a medicação alopática não resolvia, ele iniciou o tratamento com homeopatia.

O endosso de crenças religiosas é o segundo exemplo de uso de Escaninhos Mentais que gostaria de abordar. Nesse caso, os EM auxiliam a compreender como o sistema infalível religioso se acomoda com o sistema falível científico. Um exemplo desse tipo de situação é a busca de "compatibilização" das teorias religiosas sobre a criação da vida e a evolução darwiniana das espécies. Tal embate ainda produz, nos EUA, batalhas judiciais, com manifestações favoráveis e contrárias de diversos cientistas sobre o tema da Criação Inteligente[24] (Ladyman, 2013; Pigliucci, 2013; Shermer, 2013b). O ponto principal que justifica o embate é também a principal racionalização que promove o EM, ou seja, de que existe convergência entre o conhecimento religioso e o conhecimento científico. Também fortalece essa racionalização para o EM a ideia de que a ausência de explicação científica (i.e., ainda não temos uma clara compreensão na ciência contemporânea sobre como a vida surgiu) justificaria o emprego de explicações sobrenaturais para os fenômenos naturais, como é o caso da origem da vida ou da existência de Deus. Esse é o argumento do filósofo conciliador Gordon Clark (2016 [1964]), segundo o qual a ciência é incapaz de produzir um argumento válido contra a existência de Deus, a ocorrência de milagres ou contra a vida além-túmulo. O problema desse tipo de argumento é que a ausência de evidências contrárias não constitui evidência da existência de Deus, milagres ou vida além-túmulo. A ausência de evidências contrárias não pode ser entendida, como está implícito no argumento de Clark, como evidência da existência dessas coisas. Argumentos como esse auxiliam na estruturação de EM e racionalizações de crenças infalíveis, obstruindo o desenvolvimento de argumentos capazes de falsificar as crenças de caráter religioso.

Outro exemplo de argumento gerador de EM é encontrado nas estratégias que a Igreja Católica emprega para a definição da canonização de santos, as quais são coerentes com a máxima: se não há explicações científicas, logo a explicação é divina. O processo envolve diversas etapas até chegar no julgamento na Congregação para a Causa dos Santos, em Roma. A análise principal se centra nos milagres atribuídos ao candidato a santo. De forma geral, o argumento final é

A psicologia humana e o conhecimento científico

dado quando os milagres atribuídos não encontram respaldo em explicações científicas. Então, por exclusão, conclui-se que o milagre deve ser atribuído ao beato. Nesse caso, o mecanismo de racionalização é associado à máxima de que a ausência de evidências é a prova do caráter sobrenatural da ocorrência. Tal argumento cria uma justificativa plausível para a criação de um EM que separa o mundo natural, magistério científico, daquele não natural, magistério da religião e da crença religiosa.

A racionalização que fornece embasamento para o EM religioso é o conceito de Magistérios Não Interferentes (MNI). A ideia de MNI não foi cunhada por Stephen Jay Gould, mas foi popularizada por esse proeminente divulgador da ciência (Gould, 2002). Trata-se da ideia subjacente ao EM de que ciência e religião abordam questões diferentes, dedicando-se a primeira ao estudo dos fenômenos naturais e a segunda à compreensão e normatização de questões como a moralidade. Defendida também por outros autores (Harari, 2016), a separação em magistérios distintos é, portanto, uma base persuasiva para a elaboração dos EM.

Em suma, o ponto é que o conhecimento sobre a psicologia humana nos apresenta evidências de que somos máquinas de crença, que antes de analisar criticamente uma crença, na verdade, acreditamos ou desacreditamos nela de forma automática e só mais tarde procuramos raciocinar para justificá-la (Shermer, 2012). Esses mecanismos estão na estrutura e configuração de nossa cognição, que funciona por meio de dois esquemas de processamento (Evans, 2008; Kahneman, 2012; Mlodinow, 2013; Pinker, 1998, 2004) e possui características evolutivas determinadas pela busca da padronicidade. Os EM nada mais são do que estratégias

93

para solucionar eventuais inconsistências entre sistemas de crença que possuem natureza distinta, ou quaisquer inconsistências que possam produzir algum nível de desconforto. Pesquisas em cognição social já demonstraram que nem todas as inconsistências são relevantes (Fiske e Taylor, 2017), mas quando essas são relevantes, então há necessidade de equilíbrio e balanço entre crenças. Nessas situações as racionalizações produzidas pelos EM entram em cena, desenvolvendo o equilíbrio necessário. Desconheço qualquer ação científica que tenha buscado sistematizar a forma pela qual crenças falíveis e infalíveis se equilibram na psicologia humana. Até onde me é dado saber, essa é a primeira proposta de conceituação dos EM. Por esse motivo, todo o empreendimento científico para seu estudo ainda necessita ser realizado.

Os EM não são bons ou maus. São mecanismos que fazem parte de nossa psicologia e que nos auxiliam a ter uma visão de integridade, coerência e consistência de quem somos e do rigor que julgamos possuir para entender o mundo à nossa volta. Quando converso com colegas cientistas que também possuem crença religiosa, não é infrequente que eles elaborem EM como meio de criar compatibilidade entre seus sistemas de crença. Como já alertei, esse mecanismo entra em ação para qualquer indivíduo que tenha desenvolvido desconforto devido a coexistências de sistemas de crença tão díspares, como é o caso da tensão falível *vs.* infalível. Os EM são subprodutos da forma como nosso cérebro funciona, da ideia de *Self* que possuímos. Os EM são funcionais e relevantes. O importante é compreender como tais mecanismos atuam, de modo a informar as pessoas para serem capazes de liberar-se das amarras que nosso cérebro nos impõe. Saber disso é uma faculdade salutar para seguir na jornada de compreensão a que somos levados a viver a partir de nossas características cognitivas.

* * *

Neste capítulo apresentei as principais características que constituem nossa cognição como um equipamento muito eficiente, mas apenas para algumas funcionalidades. Até aqui mostrei que a ciência funciona como um sistema que permite ir além das aparências do que a cognição nos fornece. Agora preciso ir além e descrever como sistemas infalíveis são atraentes para nossas motivações básicas da cognição. No próximo capítulo descreverei as principais características do que constitui conhecimento protocientífico e pseudocientífico.

Parece mas não é:
a sedução da pseudociência

*O primeiro pecado da humanidade foi a
fé; a primeira virtude foi a dúvida.*

Carl Sagan

Caracterizar a pseudociência é uma questão central e está relacionada aos principais argumentos deste livro. Compreender o que ela significa é o meio para entender porque descrições racionais, mas infalíveis, se ajustam muito bem à busca que fazemos por estabilidade e precisão na compreensão do mundo. Esse assunto foi abordado de forma proeminente por um dos maiores divulgadores da ciência de todos os tempos: Carl Sagan. O que ele produziu influenciou minha geração e a ele devo muito de minha apreciação e encantamento pela ciência. Sagan publicou em meados dos anos 1990, pouco tempo antes de sua morte, *O mundo assombrado pelos demônios*, um clássico livro de divulgação, em que aborda de forma ampla o pernicioso efeito da pseudociência sobre a compreensão da ciência. De forma eloquente, ele apresenta o problema:

A ciência desperta um sentimento sublime de admiração. Mas a pseudociência também produz este efeito. As divulgações escassas e mal feitas da ciência abandonam nichos ecológicos que a pseudociência preenche com rapidez. Se houvesse ampla compreensão de que os dados do conhecimento requerem evidência adequada antes de poder ser aceitos, não haveria espaço para a pseudociência. Mas na cultura popular prevalece uma espécie de lei de Gresham, segundo a qual a ciência ruim expulsa a boa. (Sagan, 1996a: 20)

Pseudociência, protociência e ciência picareta: o que são e em que diferem?

Antes de começar a tratar de pseudociência, é necessário fazer distinções relevantes entre as ideias de protociência, ciência picareta e pseudociência. Para isso, utilizo como exemplo um caso que ganhou notoriedade no Brasil em anos recentes: a pílula do câncer. Esse assunto foi amplamente coberto pela imprensa brasileira e internacional e diz respeito ao uso de uma pílula anticâncer que ainda não tinha sido aprovada pelas autoridades competentes como medicamento. O caso ganhou notoriedade em 2015 e é um bom exemplo para fazer a distinção.

A substância ativa da pílula do câncer, a fosfoetonolamina, foi estudada por um professor de Química de uma universidade brasileira desde meados da década de 1990. Os estudos do professor foram iniciais, focados no mecanismo de ação da substância sobre as células cancerosas. Os relatos feitos por esse professor, nas inúmeras oportunidades em que teve suas explicações gravadas e disponibilizadas na internet,[25] indicavam que as pesquisas no laboratório foram feitas até a etapa de teste em animais com tipos específicos de câncer. Ele afirmava que uma parceria feita pelo laboratório com um hospital do interior do estado de São Paulo resultou na realização de testes nas fases posteriores, com humanos, indicando excelentes resultados de cura. Mas o professor alegava que os dados desses testes nunca foram disponibilizados pelo hospital à sua equipe e que, portanto, ele nunca teve acesso aos resultados da pesquisa feita nas fases posteriores.

O professor afirmou ainda que havia sido transferida a ele e seu laboratório a responsabilidade de produzir e distribuir a fosfoetanolamina para a população. Essa distribuição havia sido iniciada no final da década de 1990, mesmo sem a substância receber o *status* de medicamento, conferido por agências reguladoras. É interessante notar nos relatos do professor o caráter genuíno de sua crença sobre o funcionamento da substância, pois ele tinha evidências anedóticas de seu sucesso (i.e., não controladas, feitas por meio da observação assistemática que ele tinha das notícias de sucesso do uso da substância por parte de pacientes que voltavam a procurá-lo). Dentre as inúmeras razões pelas quais é problemático considerar o relato de pacientes em tratamento como evidência de êxito de qualquer tipo de medicamento, o efeito placebo é o mais notório. Há uma grande quantidade de investigações científicas sobre esse efeito, documentando a possibilidade de um percentual significativo de pacientes apresentar melhora pelo simples fato de ingerir uma substância inerte, mas que acreditam ser terapêutica para suas doenças (Goldacre, 2013). O efeito placebo vai muito além da trivialidade e exige atenção e controle dos cientistas na pesquisa de desenvolvimento de medicamentos.

Ciência e pseudociência

Também fica implícito no discurso do professor o eventual desinteresse comercial na substância, que é extremamente barata, fazendo com que a indústria farmacêutica deixasse de ganhar o dinheiro que ganha com os atuais tratamentos contra o câncer. Esse tipo de argumento, do interesse escuso dos laboratórios, desperta um grande número de teorias da conspiração:[26] um tipo particular de crença que se dissemina rapidamente e é potencializada pelo enorme grau de penetração das mídias sociais e outros meios de comunicação rápida, mas que carece de qualquer tipo de evidência. Argumentos conspiratórios estão na gênese de muitas das crenças pseudocientíficas modernas, como é o caso do movimento antivacina (Goldacre, 2013), no qual pais se recusam a vacinar os filhos alegando terríveis efeitos colaterais. A fosfoetanolamina ganhou uma enorme repercussão no Brasil, o que levou à promoção de audiências públicas no Congresso, interpelações judiciais que garantiam a liberação do uso da substância, entre várias outras ocorrências de vulto nacional. O governo brasileiro decidiu criar uma linha de financiamento e estabeleceu equipes de pesquisa para realização das demais fases de teste do medicamento. Por volta de outubro de 2016, após a conclusão de que a substância não é tóxica para os usuários, teve início a primeira fase de teste com doentes.

Esse caso retrata um típico exemplo de conhecimento protocientífico, porque ainda não havia passado pelo crivo e pelos protocolos para o desenvolvimento de fármacos que o qualificariam como científico. O fato de o professor ter recebido avaliações positivas dos usuários, pelo relato de melhoras, não pode ser considerado evidência científica. Isso porque o relato das pessoas é evidência insuficiente para se concluir pela efetividade de um medicamento. Imagine a quantidade de casos em que não houve melhora pelo simples fato de o paciente ter falecido e que não foram contabilizados ou comparados com aqueles em que houve êxito? Isso, por si só, indica o baixo nível de rigor para se chegar a alguma conclusão, mesmo que preliminar, sobre a efetividade da substância. Nota-se aí a falta de raciocínio falseacionista desse pesquisador sobre o conhecimento que possuía. Outra característica que indica a vontade de acreditar em algo afetando o nosso juízo está no problema dos níveis de análise, que já comentei neste livro anteriormente. O fato de o professor ter desvendado o mecanismo químico de funcionamento da substância contra as células cancerosas é insuficiente para compreender os mecanismos de ação do medicamento. Isso porque essa análise não considera os outros níveis de atuação de medicamentos no organismo humano, que interage com diversos outros órgãos e substâncias. Tais interações afetam o eventual elo direto que ele possa ter descrito nas suas pesquisas no laboratório de química.

Mesmo sem evidências de efetividade, a fosfoetanolamina foi objeto de intensa propaganda boca a boca e procurada por pacientes e familiares desesperados em busca de tratamento para o câncer. A crença atribuída à substância é um exemplo de como acreditar em algo porque se quer acreditar, levando as pessoas a ignorar que se tratava de um conhecimento ainda protocientífico. Tal atitude parece ter sido a do próprio pesquisador, que baseou seu julgamento em peças incompletas de evidência científica, focadas de forma exacerbada em um nível de análise do problema, ignorando vários outros que são centrais para a atividade de desenvolvimento de fármacos. A protociência ou paraciência, por fim, constitui conhecimento que ainda não logrou o *status* de conhecimento científico pela comunidade de cientistas que o valida.

Por sua vez, a ciência picareta é conhecimento apresentado como científico, mas que, na verdade, refere-se a algum tipo de engodo deliberadamente produzido por um profissional que se autoapresenta com credenciais científicas para alcançar um propósito. Em geral, o objetivo desses profissionais é vender um produto ou um serviço, utilizando-se de um argumento persuasivo poderoso e que causa admiração: de que o conhecimento é científico. Em geral esse tipo de argumento persuasivo é facilmente aceito por um grande número de pessoas. Em minha avaliação ele é assim aceito porque muitos não conseguem compreender adequadamente o que caracteriza o conhecimento científico. Considero que as informações que trago neste livro possam ser úteis para as pessoas exercerem maior crítica sobre o consumo de informação que é vendida como científica.

A ciência é um empreendimento eminentemente social. Já descrevi isso quando falei sobre o caráter social da ciência, que requer uma atividade coordenada no âmbito da qual o conhecimento produzido por alguns cientistas é validado ou refutado por seus pares. É um trabalho colaborativo, que segue protocolos e formas de se fazer. Um conhecimento que ainda não foi submetido ao escrutínio da comunidade, como é o caso da pílula do câncer, não pode ser considerado conhecimento científico. Mas, como está ocorrendo com a própria substância da fosfoetanolamina, é possível que esse conhecimento venha a ser considerado científico, pois os estudos protocolares seguem em curso. Estima-se que mais alguns anos ainda sejam necessários para se chegar a alguma conclusão a respeito da fosfoetanolamina.

No campo das ciências médicas há incontáveis casos de natureza semelhante à pílula do câncer. Há muitos casos também de ciência picareta, nos quais o mal uso do conhecimento científico, seja de forma intencional ou não, se prolifera de maneira exponencial, patrocinando, em última instância, indústrias de cura que movimentam bilhões de dólares anualmente em todo o mundo (Goldacre, 2013). Um caso bem descrito desse tipo de mau uso do conhecimento científico é o da crença que se disseminou de que a vacina tríplice viral seria causadora de autismo. Isso teve início quando um pesquisador, explorando a possível relação entre a vacina e o autismo, realizou um estudo (com 12 pacientes) que indicou uma suposta influência da vacina em pessoas diagnosticadas como autistas. Após uma entrevista e a publicação dos dados em diversos meios de comunicação, a história se espalhou.

As pessoas começaram a estabelecer a relação entre a vacina e o autismo de uma forma determinística, sem considerar os múltiplos problemas que impedem que tracemos uma relação de determinação como essa (i.e., vacina tríplice, então autismo), desde o caráter difuso e pouco aceito relativo à caracterização do que seriam as síndromes do espectro autista até o fato de que os resultados de um único estudo que procurou indícios da vacina no intestino de um pequeno número de crianças autistas não poder ser considerado evidência final sobre a relação. Na verdade, o que a pesquisa posterior sobre o assunto indicou é que a relação não pode ser estabelecida, porque as evidências não apoiam de forma unívoca a sua existência. Resultados que são mal divulgados ou baseados em pesquisas que não admitem conclusões definitivas têm sido cada vez mais frequentes, com consequências desastrosas. Não é pelo fato de um trabalho ter sido publicado em uma importante revista de medicina que, no dia seguinte, aquela informação passa a ser verdade científica. O

Ciência e pseudociência

ceticismo e o falseacionismo nos quais a ciência se alicerça exigem muito mais do que a aprovação dos resultados de um estudo por uma publicação importante, sobretudo quando se fala de protocolos de promoção da saúde.

Como pode ser denotado pela diferenciação de termos que apresento neste capítulo, essa questão é muito mais importante do que podemos supor superficialmente. A incapacidade de separar o que é conhecimento científico de tudo aquilo que não é provoca muitas consequências ruins. A maioria delas são fruto da venda de um tipo de solução científica para os problemas, especialmente os de saúde e doença, que no fundo não recebem amparo do próprio conhecimento científico vigente. Esses problemas são potencializados pela falta de compreensão do público sobre os parâmetros do que seja o conhecimento científico.

A paraciência ou a protociência são ações que, em sua gênese, necessitam de ajustes para se encaixar no método científico padrão, de forma que aquele conhecimento possa ser considerado científico. Porém, a pseudociência e os interesses escusos da ciência picareta têm outro tipo de finalidade. Possuem como propósito a produção de conhecimento, que, na grande maioria das vezes, é infalível. Isso porque suas explicações sobre a realidade da natureza são herméticas para o teste que possa levar à sua falsidade. Por esse motivo, a pseudociência e a ciência picareta são muito diferentes do conhecimento paracientífico, pois elas são, na maioria das vezes, desenvolvidas e aprimoradas para serem imunes ao falseamento. A diferenciação entre protociência e pseudociência parece nebulosa para a maioria das pessoas, mas se observarmos de forma cuidadosa os critérios do que seja conhecimento científico é possível deixar isso mais evidente, o que é útil para todos.

104

Pseudociência e
suas características fundamentais

A pseudociência trata de sistemas de crença que buscam se validar por meio de confirmação de suas afirmações, nunca ou raramente produzindo afirmações passíveis de falseamento. Há uma grande quantidade de práticas que podem ser classificadas como pseudocientíficas segundo esse critério. Uma lista bastante expressiva foi sintetizada no livro *An Encyclopedia of Claims, Frauds and, Hoaxes of the Occult and Supernatural* (*Enciclopédia de alegações, fraudes e embustes do ocultismo e do sobrenatural*, em tradução livre) de James Randi.[27] É usual que a pseudociência lance mão de estratégias racionais para sustentar seus sistemas de crença, dando um caráter concatenado entre as afirmações do sistema. É muito frequente, também, que esses sistemas procurem validar como científica sua compreensão do mundo. Evidentemente que não são. Justamente porque não partilham o primordial critério de demarcação do que é o conhecimento científico: seu caráter falseável.

Por mais que a visão que apresentei da psicologia humana no capítulo "A psicologia humana e o conhecimento científico" indique que muito do nosso funcionamento seja irracional, o fato é que buscamos sistemas de crença que sejam racionais ou aparentem racionalidade na forma que explicam o mundo. Isso é coerente com uma de nossas motivações psicológicas básicas. Nossos processos cognitivos possuem essa característica (Shermer, 2012). O problema aqui diz respeito ao que efetivamente seria a característica dessa racionalidade. Um conhecimento racional ou aparentemente racional sobre o mundo não significa, necessariamente, que ele seja conhecimento

Ciência e pseudociência

científico. Como já comentei em outros momentos deste livro, o conhecimento científico não se caracteriza unicamente pela sua racionalidade e construção lógica dos argumentos, mas principalmente pela possibilidade de submeter tais argumentos ao teste, confrontando crenças sobre o mundo com evidências empíricas que o sustentem. O que nomeio e defino como pseudociência são sistemas de compreensão do mundo que, em geral, possuem um caráter racional em suas argumentações, mas são inexoravelmente impossíveis de serem submetidos a algum tipo de teste que demonstre que eles são falsos. Isso fica evidente, principalmente, pela estrutura argumentativa que os defensores do sistema de crença apresentam. Veja que com essa definição englobo sistemas e conhecimento que não são usualmente enquadrados como pseudociência e que ocupam espaços significativos dentro das universidades.

Vamos começar com um tipo de sistema de crença que é, geralmente, considerado um caso típico de pseudociência, os chamados fenômenos paranormais, que incluem clarividência, percepção extrassensorial, entre outros (Randi, 2011). Tais fenômenos são, muitas vezes, praticados por indivíduos que se autointitulam paranormais e são assim reconhecidos por muitas pessoas. Para exemplificar o que digo, relatarei um desmascaramento, feito por James Randi, de um paranormal que se dizia capaz de mover objetos sem tocá-los. Tal exemplificação tem o objetivo de demonstrar que explicações racionais podem se ajustar a qualquer assunto e, portanto, não são o único pilar do que caracteriza nosso conhecimento sobre a verdade.

A proposta de Randi, notório por oferecer um polpudo prêmio para os que conseguirem demonstrar seus poderes paranormais sob determinadas condições simples de controle, era de que um determinado paranormal fosse capaz de mover a página de um livro na presença de pequenas peças de espuma de isopor colocadas sobre a mesma superfície em que se encontrava o livro. O paranormal havia demonstrado um pouco antes do teste ser capaz de mover a página sem estar naquelas condições. Mas agora, na situação com o elemento de controle inserido, ele deveria ser capaz de mover a página sem, no entanto, mover as pequenas peças de isopor. Nesta tentativa, ainda que tenha feito toda a encenação, ele alegou que não havia conseguido mover a página porque o controle inserido, isto é, as pequenas peças de espuma de isopor, haviam produzido eletricidade estática no livro, o que impediria que seu poder telecinético funcionasse, pois elas estavam "colando" as páginas. Veja, o ponto aqui é a explicação dada para justificar não ter conseguido mover a página devido à inserção do controle. Foi invocado um elemento de racionalidade: o conceito de eletricidade estática. Para muitos, tal elemento confere racionalidade suficiente, capaz de tornar convincente a explicação do paranormal para a não ocorrência da telecinese nesse caso.

Agora vejamos o caso da astrologia. Há alguns anos alardeou-se o resultado de uma pesquisa, feito no então núcleo de estudos do paranormal da Universidade de Brasília, que teria "comprovado" que a astrologia consegue prever o que ocorrerá com pessoas em determinado período de tempo. Como é típico do que acontece nesse âmbito, não é possível encontrar relato do estudo em uma revista científica reconhecida, apenas em um site sem referência acadêmica.[28] O pretenso estudo é relatado sem muitos detalhamentos. Foi feita uma análise baseada em "cálculos estatísticos e astrológicos", a partir de mapas astrais com descrições da personalidade de cada pesquisado e previsões de acontecimentos dos 40 dias seguintes, tempo de duração da pesquisa. Foi solicitado aos participantes que escrevessem diários sobre acontecimentos relevantes no mesmo período. Os resultados da pesquisa foram analisados de duas formas. Na primeira, as descrições dos mapas foram entregues a cada participante que julgou, em uma escala de um a cinco pontos, o quanto a descrição de suas características pessoais era acurada. Segundo o relatório de pesquisa, tal resultado indicou que os participantes julgaram que, em média, o acerto da descrição foi equivalente a 95% de precisão. Na segunda forma, os pesquisadores pretenderam analisar a descrição dos diários com a previsão de ocorrências feita pelos astrólogos 40 dias antes. Nesse caso, o relatório indicava que não era possível chegar a conclusões, pois o conteúdo dos diários variou em demasia, tendo alguns participantes relatado três eventos e outros até cem (nada de surpreendente em se tratando de autorrelato do comportamento[29]).

É recorrente nos relatos sobre a precisão da astrologia encontrar características que se repetem nessa pesquisa. As descrições sobre a personalidade preditas pelos astros são genéricas o suficiente para serem "precisas" para qualquer pessoa. Alie-se isso a um critério de validação frágil, baseado no julgamento do próprio indivíduo alvo da descrição astrológica, e tem-se a união da fome com a vontade de comer. Considerando que muitas pessoas não são céticas em relação às descrições astrológicas genéricas, nem conscientes da falibilidade de sua capacidade de perceber e julgar suas próprias características pessoais, a precisão média acaba sendo alta. O problema é justamente a fragilidade desse procedimento pela ausência de falseabilidade. James Randi tem um procedimento interessante para demonstrar tal fórmula infalseável. Em uma sala com várias pessoas, ele fornece exatamente a mesma descrição astrológica de suas personalidades, sem que os presentes saibam que se trata da mesma descrição. Após cada um ler a descrição e avaliar sua precisão, que em uma escala de 1 a 5 gira em torno do valor modal 4, ele pede que cada um troque a descrição que recebeu com alguém próximo. Fica patente a surpresa das pessoas ao reconhecerem que haviam recebido descrições idênticas.

A aparência científica de um sistema de crença não o torna necessariamente científico. Os defensores da astrologia utilizam um jargão de argumentos comuns para defender o *status* científico da disciplina, como o fato dela estudar o movimento dos planetas (talvez por lembrar a astronomia ou pela própria origem histórica da astrologia, que tinha efetivamente essa função muitos séculos atrás), realizar cálculos matemáticos para a compreensão do movimento dos astros, possuir softwares específicos para a constituição das predições, além de ter um conjunto rebuscado de pressupostos e relações complexas entre eventos, apresentados de forma racionalmente articulada (Orsi, 2016). Além disso, também é comum em muitas pseudociências, como a astrologia, os defensores desqualificarem os críticos, argumentando que eles não são especialistas na área e, consequentemente, desconhecem a matéria e não estão aptos a criticá-la. É evidente que saber reconhecer os parâmetros que caracterizam o conhecimento científico é suficiente para identificar a qualidade da produção das evidências por meio da aplicação do método. Isso é suficiente, na grande maioria dos casos, para compreender a qualidade do que produz a astrologia e outras pseudociências. É claro que somado a isso está a robusta falta de evidências para sustentar que as predições astrológicas sejam de alguma valia para explicar a realidade (Orsi, 2016).

Por motivos como esse, julgo fundamental que os cientistas devam se esforçar para divulgar as características de como a ciência funciona. Se tais princípios pudessem ser amplamente compreendidos pela população geral, mesmo aquela que não tem oportunidade de passar por uma formação científica, estou seguro de que muitas das crenças em sistemas pseudocientíficos seriam tratadas com maior ceticismo. As pessoas poderiam ser capazes de julgar com maior relatividade suas próprias crenças, o que é um dos motivos mais relevantes de por que a ciência é um empreendimento tão eficiente em melhorar nossa condição de vida e nos dar ferramentas úteis para responder as questões que fazemos sobre o universo. Associo-me a Sagan quando ele argumenta, em *O mundo assombrado pelos demônios*, que falta no ensino básico de nossas crianças e adolescentes estratégias que permitam admirar a ciência, mais do que simplesmente decorar o conhecimento científico. É fundamental ensinar desde cedo as características essenciais de falseabilidade e busca de evidências para validar nossas crenças.

Esse aprendizado é fundamental para vacinar as pessoas contra estratégias persuasivas que dão aparência de cientificidade para explicar o mundo à nossa volta, lançando-as, muitas vezes, em ações que lhes são prejudiciais, como acreditar em uma cura certa ou no alívio efetivo para problemas físicos e emocionais. Ser racional ou parecer racional não é suficiente para chancelar um conhecimento como científico ou como uma forma eficiente de explicar a realidade. É preciso que o conhecimento seja falseável e baseado em evidências que sustentem as crenças. Como já abordei neste livro, a motivação básica para o rigor na explicação do mundo e as vantagens psicológicas de crenças infalsificáveis se associam e encontram guarida na maioria das crenças pseudocientíficas, dado seu caráter aparentemente racional e de busca de comprovação do sistema de crença.

A crença em sistemas pseudocientíficos não é isenta de efeitos que podem prejudicar as pessoas. Acreditar que práticas pseudocientíficas são crenças inofensivas, como muitos podem argumentar, não é necessariamente verdadeiro. O endosso a sistemas de crença pseudocientíficos traz um conjunto de consequências ruins. A primeira delas é a diminuição da capacidade de elaborar novas e melhores formas de compreensão de problemas, limitando a possibilidade do indivíduo de formular novas perguntas. Isso porque o endosso a crenças infalsificáveis tem a vantagem psicológica de já ter apresentado a resolução do problema, contida na própria crença. Essa é uma postura anticientífica, que inibe ou acaba com a possibilidade de geração de novas e mais acuradas explicações para a realidade.

A segunda consequência é o engajamento em práticas prejudiciais às próprias pessoas que endossam tais sistemas de crença. Isso é muito corriqueiro em tratamentos médicos. Por exemplo, a crença de que a homeopatia seja um tratamento que tem efeitos positivos é um caso clássico, que pode levar as pessoas a abandonarem tratamentos baseados em evidências, em favor de argumentos pseudocientíficos que justificam a prática. A homeopatia, assim como a astrologia, é um sistema de crenças muito popular que possui um conjunto de argumentos justificativos racionais e que aparentam explicar o seu funcionamento, mas que não são apoiados por evidências empíricas.

O movimento antivacinas é outro exemplo do efeito deletério do endosso a crenças pseudocientíficas. Ele tem se espalhado pelo mundo, em parte graças à enorme profusão de redes sociais, e é um movimento que recomenda aos pais a não vacinarem seus filhos. Resultados de pesquisas específicas, que não podem ser aplicadas a qualquer indivíduo e não devem ser generalizadas para além do local e momento que foram feitas, parecem ser a gênese desse movimento (Goldacre, 2013). De forma geral, sob o ponto de vista das evidências médicas, a vacinação é uma ação fundamental, patrocinada e incentivada pelos governos, e que aumenta consideravelmente a chance de as crianças terem um desenvolvimento saudável. No entanto, tais movimentos se utilizam do fracasso da lógica para argumentar em favor do efeito deletério das vacinas, em geral baseados na apresentação de casos específicos em que houve efeitos adversos devido às imunizações vacinais. Lidar com a incerteza é uma das maiores dificuldades de nossa cognição e, por esse motivo, as crenças pseudocientíficas são tão sedutoras e endossadas por milhões de pessoas. Elas fornecem certezas e não probabilidades de acerto. Como já expliquei, nossa cognição não lida eficientemente bem com probabilidades, pois buscamos intuitivamente conhecimento que pareça certo (Kahneman, 2003, 2012).

Esclarecer como a ciência funciona e quais são as características do conhecimento científico, diferenciando-o do conhecimento paracientífico, da ciência picareta e da pseudociência, é uma ação necessária. Esse esclarecimento evita os efeitos perniciosos das crenças infalíveis que tentam se travestir de científicas. Por motivos como esse, as práticas pseudocientíficas devem ser combatidas. Uma forma eficiente e relevante de combate é justamente apresentar ao maior número possível de pessoas as características de como o pensamento científico funciona. Tal compreensão é um passo necessário, mas não suficiente, para paramentar as pessoas com raciocínio cético, de forma a permitir uma vida melhor.

Pseudociência dentro da universidade

Tratar dos casos clássicos de pseudociência, como a astrologia, homeopatia, quiromancia, ufologia, programação neurolinguística, entre outras, é a parte mais evidente do reconhecimento da questão. Esses assuntos evidenciam os exemplares clássicos do pensamento pseudocientífico e foram amplamente debatidos por autores como Sagan, Dawkins, entre outros (Dawkins, 2005, 2015; Orsi, 2016; Randi, 2011; Sagan, 1996a; Shermer, 2013a). Apesar disso, milhões de pessoas no Brasil e no mundo ainda julgam que tais práticas pseudocientíficas têm *status* de ciência, justamente porque sua linguagem e seu aparente rigor fazem sentido para uma cognição que não foi adequadamente treinada para reconhecer o principal aspecto do conhecimento científico, sua falseabilidade. Em geral, sistemas de crença que não conseguiram criar fatos científicos o suficiente ao longo de suas histórias subsistem de forma circular. Isto é, os argumentos contrários são desacreditados ou desconsiderados com o intuito de validar o sistema de crenças (lembra da história do primeiro capítulo sobre o pessoal que devolveu o telescópio incapaz de produzir a evidência irrefutável de sua crença? Pois é a isso que me refiro!).

Ciência e pseudociência

Entretanto, o problema vai muito além dessas pseudociências que têm um *status* científico pequeno, ainda que sejam muito populares. Algumas destas têm ocupado espaços científicos na academia,[30] o que não é nada benéfico, embora represente a menor parte do problema. Há sistemas de crença pseudocientíficos presentes de maneira significativa nas universidades e que, graças às suas características infalsificáveis, persuadem os jovens educados nesses ambientes. Para começar a abordar esse ponto, apresento um caso famoso da década de 1990. O fato resultou na publicação de um livro, *Imposturas intelectuais*, de Alan Sokal e Jean Bricmont, que escancarou textos que se inserem no contexto do que ficou conhecido como discurso pós-modernista.[31] Esta história começou quando Alan Sokal resolveu fazer uma experiência

> [...] não científica mas original: submeter à apreciação de uma revista cultural americana da moda, a *Social Text*, uma caricatura de um tipo de trabalho que havia proliferado em anos recentes, para ver se eles o publicariam. O artigo, intitulado, "Transgredindo as fronteiras: em direção a uma hermenêutica transformativa da gravitação quântica", está eivado de absurdos e ilogismos flagrantes. Ademais, ele defende uma forma extrema de relativismo cognitivo: depois de ridicularizar o obsoleto dogma de que existe um mundo exterior, cujas propriedades são independentes de qualquer indivíduo e mesmo da humanidade como um todo, proclama categoricamente que a realidade física, não menos que a realidade social, é, no fundo, uma construção social e linguística. (Sokal e Bricmont, 1999: 1)

O artigo, tal como foi apresentado por Sokal, acabou aceito e publicado pela revista. Os interessados podem lê-

114

lo na íntegra no apêndice do referido livro. Nota-se a linguagem rebuscada, muitas vezes circular, dando um claro aspecto superficial de racionalidade à sua argumentação, a qual, no fundo, é um disparate retórico sem qualquer evidência ou fundamento científico. Sua força argumentativa, se é que há alguma, está no rebuscamento e na retórica. Depois da publicação do artigo, Sokal e Bricmont decidiram por sintetizar sua denúncia no referido livro. Para tanto, os autores elegeram 11 intelectuais filosófico-literários,[32] ressaltando aspectos da obra de cada um, de forma especial o uso equivocado e impreciso de conceitos matemáticos. Isso para demonstrar como o abuso do texto argumentativo pós-modernista, produz um efeito pernicioso e maléfico para o raciocínio e o método científico. Esse efeito é especialmente deletério para as Ciências Humanas e Sociais, o que ainda pode ser visto em cursos e disciplinas da área.

O tipo de discurso denunciado por Sokal convence muitas pessoas devido ao seu aparente caráter racional. Mas, como argumento neste livro, parecer racional não é suficiente para ser considerado científico, pois alia-se a um entendimento racional da realidade a possibilidade de que seja falseável. É frequente que os discursos pós-modernistas não sejam baseados em evidências empíricas, mas sim em interpretações racionais sobre a realidade e, portanto, sujeitos ao mesmo problema que os sistemas pseudocientíficos possuem. Já que não é possível provar que são falsos, devido a sua estrutura e forma de argumentação, e pelo fato de serem sistemas de crença que oferecem sentido ao mundo, então podem ser considerados pseudocientíficos.

Por ser infalsificável, o discurso pós-modernista pode ser falso, o que induz gerações a acreditar em explicações errôneas sobre a realidade. A possibilidade de enxergar o limite do seu conhecimento é uma das maiores e mais importantes características da ciência, dando seu caráter autocorretivo e a busca incessante de conhecer de forma cada vez mais acurada. Como diria Richard Feynman: "Eu posso conviver com a dúvida e a incerteza, posso não saber. Acho que é muito mais interessante viver sem saber do que ter respostas que podem estar erradas" (Feynman, 2015: posição 514).

O discurso pseudocientífico do pós-modernismo é fechado para a forma básica de funcionamento da ciência, justamente porque, em geral, ele apresenta uma argumentação aparentemente racional para explicar a realidade. Obscurece o que é central, ou seja, a possibilidade de tornar falso o discurso por meio do confronto com as evidências empíricas. Se esse discurso é proveniente de uma instituição científica minimamente respeitável, então nos deparamos com um sério problema de visões errôneas ou parciais sobre a realidade, respaldadas pela academia e assim divulgadas para o público.

Veja que, sobre essa questão, o argumento do relativismo exacerbado, usual na argumentação pós-modernista, leva ao extremo os padrões utilizados para avaliar a qualidade do que realmente sabe-se sobre o mundo. É frequente, em rodas intelectualizadas formadas nas últimas décadas do século xx, escutar-se a argumentação de que a busca pela verdade é infrutífera, pois a verdade também é relativa. Esse argumento retórico é vazio, pois coloca em xeque todo possível parâmetro ou critério para se conhecer a realidade. O que Sokal tentou fazer em seu "ensaio crítico sobre a gravitação quântica" foi justamente renegar as evidências por meio do discurso retórico. É claro que o que chamamos hoje, em qualquer área da ciência, de evidência empírica é diferente daquilo que chamávamos há cinquenta anos. Não porque a realidade se alterou, mas porque os instrumentos de investigação são diferentes e agora somos capazes de fazer e responder perguntas que antes eram impossíveis.

Veja o caso de minha área de investigação. Atualmente, estudamos processos mentais por meio de mensurações baseadas em milésimos de segundos, algo que, antes do advento da computação, era impossível ser estudado. Foram desenvolvidas, em computadores, tarefas que consistem em apertar botões e a medida do tempo tem a precisão de milésimos de segundos com apenas um comando simples. A partir disso foram compreendidos inúmeros processos e mecanismos psicológicos. Sem esse tipo de ferramenta não teria sido possível chegar à compreensão da cognição que apresentei no capítulo "A psicologia humana e o conhecimento científico". O fato de agora eu ter acesso a tais fenômenos, se interpretado como uma relativização da verdade, acaba sendo algo vazio de sentido. A verdade não foi alterada, muito menos a realidade sobre o universo. O que se alterou foi a forma de acesso a essa realidade, graças a uma inovação tecnológica: o computador pessoal.

Veja o trecho a seguir e avalie sua racionalidade:

> Se examinarmos a teoria pré-dialética, a pessoa é confrontada com uma escolha: ou aceitar o socialismo ou concluir que a sexualidade tem um significado intrínseco, mas somente se a verdade é igual a sexualidade. Em certo sentido, Gibson desconstrói a leitura derridiana em reconhecimento de padrões, embora ele reitere o socialismo. "A identidade sexual é intrinsecamente impossível", diz Lacan. Contudo, de acordo com Scuglia, não é tanto a identidade sexual que é intrinsecamente impossível, mas sim a falta de sentido dessa identidade sexual. O tema principal dos trabalhos de Gibson é o papel do poeta como leitor. Portanto, se o feminismo textual se mantém, as obras de Gibson são reminiscências de Rushdie. O tema principal do ensaio de Parry sobre o niilismo neodialético é a dialética, e, assim, o gênero de classe subcapitalista. O tema característico das obras de Gibson é o papel do escritor como observador. Pode-se dizer que o assunto é contextualizado em um feminismo textual que inclui a consciência como uma realidade. A premissa do socialismo defende que a realidade vem da comunicação. Mas Baudrillard promove o uso do niilismo neodialético para ler a identidade sexual. Em *Idoru*, Gibson examina a teoria pré-cultural dialética. Em *Contagem zero* ele reitera o socialismo. Pode-se dizer que o tema principal de Tournier é o modelo de feminismo textual como uma dialética paradoxal. O assunto é interpolado em um paradigma pós-textual de expressão que inclui a verdade como uma totalidade. Mas muitos discursos sobre a diferença entre a consciência e a sociedade podem ser descobertos. Parry implica que temos de escolher entre niilismo neodialético e feminismo dialético. Assim, o assunto é contextualizado em um socialismo que inclui a verdade como uma realidade.

Então, o que achou? O texto acima foi gerado de forma randômica por um software[33] disponível on-line e traduzido por mim. Ele possui coerência gramatical, mas está desprovido de sentido argumentativo real. O fato de um texto argumentativo parecer coerente nada tem a ver com sua acurácia para compreender a realidade. O texto precisa de argumentos lógicos e racionais e, ao mesmo tempo, ser compreensível. De fato, textos que não conseguem comunicar e fazer sentido são isto mesmo, textos sem sentido!

O uso desse recurso, texto que se vende como científico e ostenta uma aparência intelectualizada, é muito frequente. É fácil encontrar nas prateleiras das livrarias um bom número de livros escritos usando esse estratagema. Em geral, os autores se apresentam como cientistas, defendem a ideia de que fazem pesquisa para elaborar suas ideias, apresentam um palavrório rebuscado cheio de neologismos, maquiados como "termos técnicos". Uma análise um pouco mais detida, sem se deixar levar pelo discurso de autoridade que esses autores geralmente querem impor (i.e., sou um cientista, então acredite em mim, não importa o que eu diga), deixa claro que se trata de um embuste. Quando o leitor procura onde estão as evidências para subsidiar as alegações do autor, estas não são encontradas. Um palavreado rebuscado e gramaticalmente articulado, mesmo que vendido como ciência não é, necessariamente, ciência.

Minha recomendação é que, se um dia você se deparar com esse tipo de texto, mesmo que ele tenha sido recomendado por um professor na universidade, leia com cuidado e tente entender a mensagem. Se não conseguir, muito provavelmente, é um texto de "baboseira" ou "metababoseira", nos termos usados por Richard Dawkins, em sua obra *O capelão do diabo*, ao se referir sobre a constituição do discurso pósmodernista. Um discurso do qual nada se extrai para compreender a realidade, ainda que ele, superficialmente, aparente transmitir alguma mensagem. Lembre-se: pense por si mes-

Ciência e pseudociência

mo e não deixe que uma autoridade diga que se trata de uma forma refinada e intelectualizada de compreender o mundo. Na maioria das vezes, é apenas um texto ininteligível. E isso é uma das mais maléficas formas de pseudociência, pois ela está impregnada na universidade e no mercado editorial, perpetuando-se por gerações e com o "respaldo" científico dos "cientistas", que lançam mão desse tipo de estratégia para a formação de discípulos.

Mas o problema da pseudociência no meio acadêmico não se restringe ao que é genericamente rotulado como discurso pós-modernista. Outros sistemas de crença infalsificáveis continuam fazendo parte do currículo de muitos cursos universitários pelo mundo afora, com alta frequência nas instituições brasileiras. Um exemplo típico desse caso é a psicanálise e os sistemas ou modelos de pensamento que nela se baseiam, como é o caso das abordagens psicodinâmicas e suas diversas aplicações em diferentes campos. Em sua obra *Conjecturas e refutações*, Karl Popper (2008 [1962]: 5) argumenta que a psicanálise é um sistema de crença infalseável, como expresso em suas palavras:

> [...] as duas teorias psicanalíticas pertencem a outra categoria, por serem simplesmente não "testáveis" e irrefutáveis. Não se podia conceber um tipo de comportamento humano capaz de contradizê-las. Isto não significa dizer que Freud e Adler estavam de todo errados. Pessoalmente, não duvido da importância de muito do que afirmam e acredito que algum dia essas afirmações terão um papel importante em uma ciência psicológica "testável". Contudo, as "observações clínicas", da mesma maneira que as confirmações diárias encontradas pelos astrólogos, não podem mais ser consideradas confirmações da teoria, como acreditam ingenuamente os analistas.

A psicanálise e suas variantes possuem um caráter infalseável. Em geral, seus defensores argumentam favoravelmente a partir da análise de poucos casos, baseados no relato dos analistas e dos próprios pacientes,[34] que acabam de servir, exclusivamente, como confirmação do que é predito pela teoria. Na leitura de revistas da área de psicanálise, é quase impossível encontrar artigos que busquem evidências de falsificação de seus aspectos teóricos, sobretudo de seus pressupostos principais. As descrições e os relatos de caso, interpretados à luz da teoria, servem, ao final, como peças argumentativas para confirmar as explicações já feitas pela própria teoria, sem espaço para falsificação. Cioffi (2013) argumenta que no concernente à etiologia sexual de Freud há evidências de que, além das afirmações serem infalsificáveis, houve um vergonhoso processo de alegações de confirmação. Em geral, os autores que defendem a teoria psicanalítica como científica não reconhecem que as alegações sejam frequentemente confirmatórias. Dessa forma não cedem espaço para a produção de evidências que busquem a desconfirmação ou a falsificação das crenças embasadas na teoria. Portanto, tais sistemas de crença são pseudocientíficos e a prática de pesquisa daqueles que investigam a psicodinâmica do comportamento humano é, salvo raras exceções, confirmatória.

Parece que o principal problema da psicanálise é que ela está fortemente alicerçada na infindável busca pela confirmação, da mesma forma que o fazem aquelas práticas pseudocientíficas com um *status* social menos científico. A psicanálise ainda possui bastante reconhecimento social. Muitos profissionais com boa formação científica procuram os bancos de formação psicanalítica e observa-se um reconhecimento, por diversos veículos de comunica-

Ciência e pseudociência

ção, da opinião de psicanalistas sobre diversos assuntos. A psicanálise possui reconhecimento institucional em muitas universidades pelo mundo.

Como já descrevi em outros momentos deste livro, o que caracteriza o empreendimento científico não é a busca pela confirmação da compreensão que temos do mundo, mas exatamente o contrário, a busca pela falsificação desse conhecimento. A pesquisa unicamente confirmatória é prática pseudocientífica e, portanto, a psicanálise e suas derivações constituem-se em pseudociência. Essa característica reforça o argumento de que as práticas pseudocientíficas e seus sistemas de crença habitam um número significativo e variado de nichos em nossa sociedade. Isso é preocupante, sobretudo quando as instituições científicas, que deveriam zelar pelos alicerces do que caracteriza o conhecimento científico, amparam práticas pseudocientíficas. Isso produz uma imagem ruim para a sociedade, engambelando incautos e prejudicando a formação de novas gerações de cientistas e profissionais.

Ainda que nesta seção eu tenha utilizado o discurso pós-modernista e a psicanálise como exemplos de sistemas de crença pseudocientíficos que existem na universidade, há muitos outros que poderiam ser assim classificados. Não é meu objetivo aqui falar de forma exaustiva sobre todos. O propósito é dar subsídios, por meio de exemplos, de como os critérios que caracterizam o conhecimento científico devem ser aplicados de forma crítica. Isso permite conhecer as bases nas quais as verdades dos sistemas de crença são alardeadas.

Portanto, tal cenário nos remete à seguinte situação: não é porque o conhecimento é feito dentro da universidade ou por respeitados profissionais que não se caracterize como pseudociência, protociência ou ciência picareta. Como tento demonstrar, o que caracteriza a pseudociência é o modo como tal sistema de crença busca se evidenciar como uma forma eficiente de conhecer a verdade por meio de estratégias confirmatórias ou por discursos circulares que se autovalidam. No caso da protociência, o que falta é conhecer mais e melhor os fenômenos e processos, algo necessário no conhecimento científico. É exatamente nesse ponto, o da possibilidade de falsificar o que sabemos sobre o mundo, que ciência e pseudociência se distanciam. Enquanto a primeira oferece um caminho baseado no princípio de que o conhecimento é falho, a segunda oferece um caminho em que o conhecimento é infalível. A protociência está entre ciência e pseudociência, pois trata de conhecimento que necessita de mais do que explicações coerentes e evidências parciais para ser considerado científico. E a ciência picareta acaba sendo a aplicação precipitada e descuidada do conhecimento científico, como pode ser evidenciado pelos inumeráveis casos de maus usos ou usos mal-intencionados de conhecimento científico, como ocorre nas ciências médicas (Goldacre, 2013).

Mas ainda vale lembrar, para finalizar esta seção, que o conhecimento pseudocientífico habita com uma enorme frequência a cultura popular atual. É muito simples encontrar esse tipo de material nas redes sociais, nos sites de vídeos e em várias outras fontes facilmente acessíveis na internet. Exemplos recentes do que me refiro aqui podem ser vistos na "teoria da Terra plana", em teorias conspiratórias como as dos *scramjets* (rastros de vapor feito por aviões durante o voo) ou nas propostas de autoconhecimento e psicoterapia, como é o caso da programação neurolinguística. O uso de argumentos de equiparação dessas crenças ao conhecimento científico é uma das formas que seus criadores e propagadores utilizam para persuadir as pessoas. O exercício crítico do consumo da informação, para creditar que ele seja científico, deve envolver a análise do fato de as alegações serem passíveis de serem tornadas falsas a partir do confronto delas com as evidências da realidade.

Lembre-se de que um dos problemas centrais dos sistemas de crença infalíveis são as chances de estarem errados e, por não se autocorrigirem, a falácia ser propagada e aceita como verdade, mesmo quando não é. Com este livro, forneço subsídios para que você possa julgar a maneira como o conhecimento é estruturado, dando-lhe ferramentas críticas para analisar a natureza do que é oferecido como solução para compreender a realidade. Convido-o a fazer uso dela, mesmo que venha de uma autoridade universitária. Lembre-se, sempre pode ser pseudociência!

* * *

Neste capítulo descrevi as principais características que estruturam sistemas pseudocientíficos, fornecendo exemplos de sistemas dessa natureza dentro e fora das instituições científicas. Dessa forma, espero que tenha ficado claro o caráter infalível que esse tipo de conhecimento possui, bem como do nível de atratividade que ele exerce para nossa cognição. Agora é hora de seguir para outro sistema infalível, a religião, e discutir sobre suas consequências e seu papel para a estruturação dos Escaninhos Mentais.

Ciência e religião

Acreditar num deus é, de certa maneira, expressar uma disposição para acreditar em qualquer coisa. Ao passo que rejeitar a crença de modo nenhum é professar uma crença em nada.

Christopher Hitchens

Ninguém escreve tentando explicar as incoerências entre as opiniões teológicas e as opiniões científicas defendidas por várias pessoas hoje, nem mesmo as incoerências que existem às vezes no mesmo cientista entre a crença religiosa e a crença científica.

Richard Feynman

O caráter infalível da religião e sua consequência

Por sua natureza e fundamentação, a religião[35] é um sistema de crenças infalseável. Por possuir características e significados particulares, vou abordá-la fora do contexto das pseudociências. Mas considero que a crença de caráter religioso partilha o princípio da infalseabilidade como principal característica, o que a aproxima do pensamento pseudocientífico. Uma diferença é que a religião, em geral, não busca uma validade aparente de ciência,[36] como fazem de forma ex-

Ciência e pseudociência

plícita os sistemas pseudocientíficos. A tradição em se tratar a religião como um sistema de saber diferente da ciência, por muitas décadas, formalizou a noção de que a ciência não trata de perguntas ou temas religiosos, o que fundamenta um dos argumentos de existência dos EM.

A ciência pode tratar, também, de questões humanas fundamentais, como os motivos de nossa existência e de onde viemos. Certamente não é objetivo da ciência tratar de entidades sobrenaturais, tampouco ela é uma promessa de que a resposta definitiva a esta ou a qualquer pergunta seja alcançada. Espero que já tenha ficado claro que o princípio falseacionista da ciência não dá margem para uma verdade final, ausente de dúvidas. O problema é que as barreiras impostas por uma demarcação de sistemas equivalentes de saber acabam por reforçar, de maneira negativa, que existem espaços ou temas em que o conhecimento científico não poderia ser aplicado.

O argumento que apresento aqui é que, de fato, tais limites não existem. A ciência avança em nichos, com perguntas e produção de conhecimentos outrora segregados. Para o bem do desenvolvimento do conhecimento humano, é importante assumir uma postura de que tais limites não devem ser estabelecidos por argumentos como de magistérios independentes, defendidas tanto por secularistas como por religiosos, tanto por teístas como por ateístas e agnósticos. A criação de barreiras dessa natureza, socialmente validadas, produzem efeitos prejudiciais para o avanço do conhecimento. A crença religiosa produz esse tipo de consequência quando é covalidada pelo argumento de separação, de Magistérios Não Interferentes (MNI). Considerando o mecanismo dos EM já descrito, a crença religiosa funciona como um meio de racionalização para a crença no infalível.

126

Mas é interessante notar que a relação das instituições religiosas com a ciência mudou ao longo dos anos e assistimos hoje à reinstauração do argumento da convergência entre o conhecimento científico e a crença religiosa (Dawkins, 2005). Entretanto, o conhecimento religioso é infalível e não há como convergir o sistema falível científico com o sistema infalível religioso. Portanto, a ideia de convergência é falsa. Porém, o argumento da convergência convence muitos interlocutores. Tal resultado pôde ser observado, por exemplo, nos embates jurídicos em torno do direito ao ensino do Desenho Inteligente nos EUA (Shermer, 2013b). Esses movimentos de "ciência com base em crença religiosa" produziram processos judiciais na tentativa de permitir o ensino de "visões científicas alternativas" à teoria da seleção natural darwiniana nas escolas americanas de nível equivalente ao nosso ensino fundamental. Tais ações provocaram um forte e coordenado movimento da comunidade científica, resultando em documentos redigidos por grupos de cientistas na busca de subsidiar a decisão judicial sobre os preceitos que regem o que seja um sistema de crença científico (Shermer, 2013b). A ideia da capacidade de falsificação do que sabemos está no cerne de tais documentos.

A concepção religiosa e a noção científica de como o conhecimento é produzido guardam incompatibilidade elementar. Não há como conciliar sistemas de crença que são rigorosamente opostos em seus princípios. Uma demonstração do grau de incompatibilidade entre o pensamento religioso e científico pode ser expressa na concepção de verdade apresentada por João Paulo II na carta encíclica *Fides et Ratio* (João Paulo II, 1998). Em sua carta, que defende a necessidade da estreita relação entre fé e razão, o papa define verdade como a busca do saber, de uma resposta final e definitiva, fornecendo uma certeza livre de qualquer dúvida. Tal verdade, nas palavras do mandatário da Igreja Católica, seria encontrada em Deus. Porém, tentando seguir sua lógica argumentativa, observamos que João Paulo II qualifica diversos tipos de verdade, sendo as de caráter mais imediato e curto alcance aquelas relativas à ciência e à filosofia, e, livre de qualquer dúvida, aquela relativa a Deus. Essa argumentação se sustenta no infalsificável pressuposto da existência de Deus para se alcançar a verdade ausente de qualquer dúvida. Se esse princípio é aceito como falseável, todo o pilar da crença religiosa perde sua sustentação. Argumentar, como faz João Paulo II na *Fides et Ratio*, que existem muitas faces da verdade é, novamente, contribuir para a concepção de magistérios diferentes, para os diferentes tipos de saber da humanidade. Além disso, esse tipo de argumento é coerente com nossa motivação básica em acreditar no infalseável, na verdade final e perfeita, o que é coerente com a crença religiosa, mas que é incoerente com o princípio fundamental científico de que o nosso saber é falho e transitório.

Um dos mais relevantes problemas em aceitar ciência e religião como compatíveis ou considerar que constituem dimensões independentes de conhecimento é o cerceamento da inventiva curiosidade para a formulação de novas perguntas. A incompreensão de que a finalidade da ciência vai além de um limite específico, qual seja das verdades de curto alcance, como argumenta João Paulo II, é uma forma de impedir que a ciência "se intrometa" em uma área com domínio estabelecido. Conceber a ciência como uma forma de saber irrestrita, sem limites, não a circunscreve no Meme[37] culturalmente delimitado, segundo o qual não seria da alçada da ciência fazer certas perguntas que dizem respeito à religião. Isso, entretanto, está relacionado aos problemas de poder instituído que as organizações sociais possuem e não, necessariamente, à motivação em fazer perguntas.

Perguntar é a base do trabalho do cientista; o que caracteriza o que o cientista faz é a aplicação cética-racional do método para se buscar a resposta. A possibilidade de fazer perguntas novas está diretamente relacionada ao que se sabe no momento da formulação da pergunta e aos meios para conseguir uma resposta com os critérios científicos necessários. Então, quanto mais sabemos, mais perguntamos.

Vivemos em uma época em que a ciência parece ter eliminado eventuais barreiras. A produção científica sobre moralidade é um exemplo. Esse assunto é circunscrito à religião segundo a proposta do MNI de Gould (2002) e do mundo não factual de Harari (2016). No entanto, o conhecimento científico sobre a moralidade tem avançado muito nos últimos anos em psicologia, neurociências e campos afins (Bloom, 2012; Haidt e Kesebir, 2010; Ham e Van den Bos, 2010). A ciência da moralidade tem levado autores como Sam Harris a argumentar que é possível definir padrões morais a partir do conhecimento científico que possuímos sobre a questão (Harris, 2013). Esse assunto ainda é controverso, e argumentar a favor de um caráter prescritivo sobre o tema é precipitado, mas esse é um exemplo de como o cerceamento do saber científico a certos temas é prejudicial. Fazemos novas perguntas porque temos alcançado meios para respondê-las e não há nada que indique que a melhoria de meios irá se estagnar.

Sistemas infalíveis, como as crenças religiosas e pseudocientíficas, acabam por nos remeter à "verdade" finalizada, o que nos impede de formular perguntas e continuar descobrindo e desvelando a enorme complexidade do universo. Mentes que são treinadas para acreditar e endossar sistemas de crença infalíveis são mentes em que a possibilidade de formular perguntas é inibida. A diminuição dessa capacidade nos leva a não ter mais o que responder e, naturalmente, isso limita até onde podemos compreender o universo e a nós mesmos.

Por tais motivos o pensamento científico não deveria ficar circunscrito a esferas específicas da experiência humana. Os EM restringem o alcance do que podemos conhecer, pois mitigam nossa capacidade de formular perguntas sobre as mais diversificadas questões da natureza. O endosso a crenças religiosas e pseudocientíficas[38] funciona, então, como uma barreira que se torna instransponível para permitir conhecer a realidade. Ideias e crenças infalíveis funcionam como um calabouço que nos aprisiona e limita a possibilidade de conhecer a realidade do universo.

Sistemas falíveis de conhecer foram a mais eficiente invenção humana para melhorar nossa condição de existência. Essa consideração está alicerçada nos séculos de atividade científica organizada que produziu incontáveis fatos científicos, o que possibilitou mudar radicalmente as concepções que temos de mundo e exercitar a humildade em relação ao que sabemos diante da vastidão e complexidade do universo. Tudo isso sem precisar lançar mão de crenças mágicas ou sobrenaturais.

Quais os motivos para se fazer ciência?

Um dos meus objetivos neste livro é fornecer argumentos para desmistificar a ampla visão de que a ciência trata apenas de assuntos áridos e acaba por deixar o sentido das coisas no universo e da própria vida destituído de beleza. Essa concepção é cheia de preconceito e perde de vista a real natureza e significado da ciência para nossas vidas. Essa característica atribuída à ciência é mais um dos argumentos de racionalização dos EM. Na verdade, nossa cultura leva a criar os EM sobre a ciência, encaixando-a em Escaninhos específicos que dizem respeitos a assuntos pontuais. Tal compartimentalização ocorre quando aprendemos sobre ciência e a aplicamos apenas a assuntos e temas circunscritos a determinadas dimensões, como a escolar ou a profissional. Talvez por motivos como este é que as pessoas, frequentemente, associem os propósitos da ciência estritamente ao desenvolvimento de tecnologias para melhorar as condições de vida.

A criação desse EM dificulta ou impossibilita o entendimento dos propósitos da ciência, de suas principais características e de suas motivações elementares. Sempre me espantou o baixo efeito que o pensamento científico exerce para a maioria das pessoas, que, afortunadamente, conseguem ter acesso a ele na universidade. Ainda que essas pessoas sejam expostas aos princípios científicos, desenvolvendo habilidades para duvidar de suas próprias crenças, tive colegas quando era estudante e continuo tendo colegas agora que sou cientista que são perfeitamente capazes de consultar o horóscopo para decidir o que fazer durante a semana, tomar remédios homeopáticos como solução para as tentativas fracassadas dos alopáticos ou rezar fervorosamente para Deus contribuir positivamente para os desígnios da vida. Bem, não vou voltar aqui a falar das motivações para tais incoerências, considerando que isso já foi feito quando apresentei os EM. O que abordo nesta seção é um subproduto dos EM, a partir do momento que as pessoas passam a restringir a ciência a algumas dimensões da vida, impedindo que a mesma seja compreendida em todo seu potencial e amplitude.

Ciência e pseudociência

Pois bem, vamos começar a desmistificar algumas questões, pois meu convite a você é para romper o eventual EM que também possua sobre o assunto. Se você considera que a principal função da ciência é produzir tecnologias e soluções para melhorar nossa qualidade de vida, eu digo que você compreende apenas parcialmente o objetivo da ciência. Melhorar nossa condição de vida é um subproduto da ciência, ainda que muita gente, e talvez a maioria dos cientistas atuantes pelo mundo afora, julgue que o principal objetivo seja este. Mas eu e outros defendemos que esta não é a principal função da ciência (Dawkins, 2012, 2015; Gleiser, 2010; Harris, 2013).

A função primordial da ciência é a busca de respostas para as diversas perguntas que fazemos e que motivam nossa busca por conhecer, como "de onde viemos?", "por que existimos?" e "por que somos morais?". Questões que motivam os psicólogos a investigar são, por exemplo, como se desenvolve a moralidade, como os indivíduos a aprendem, como formam crenças automaticamente, se somos genuinamente maus ou majoritariamente irracionais. Poderíamos listar várias outras questões de natureza semelhante, como as substâncias básicas que compõem a matéria, para um físico, ou a origem da vida, para um biólogo. O ponto aqui é que perguntas primordiais como essas são as que dão o sentido à existência da ciência. As perguntas que possuem uma preocupação mais aplicada, que têm como finalidade resolver um problema prático,[39] criando uma tecnologia ou uma tecnologia social, também são cientificamente válidas e relevantes, mas não expressam as principais motivações do empreendimento científico.

Enquanto escrevo este capítulo, inunda os noticiários a boa-nova da primeira detecção confirmada das ondas gra-

Ciência e religião

vitacionais, previstas na teoria da relatividade geral de Einstein. Que tipo de aplicação existe nessa descoberta? De forma imediata, nada. Então por que a descoberta é apresentada como tão importante? A resposta é que se conseguiu, pela primeira vez, que um novo instrumento de medida captasse, com alto grau de segurança, as ondas gravitacionais. É isso mesmo, um novo instrumento de medida funcionou. Por que investir bilhões de dólares nisso? Pelas razões que movem a ciência. Para avançar no conhecimento do universo. Um instrumento capaz de detectar ondas gravitacionais abre novas possibilidades para compreendê-lo. Esse caso da recente detecção feita pelo Ligo[40] abre uma nova janela de observação para o cosmos. Novo instrumento, novas perguntas. As novas descobertas dependem da continuidade do trabalho para a geração de conhecimento falível que encontre respaldo nas evidências da realidade.

Qual seria, então, a diferença entre a motivação para fazer ciência e a motivação para fazer arte? Realmente existe diferença entre a motivação de um compositor para escrever uma incrível e emocionante peça musical e o cientista que busca entender a forma irracional de funcionamento de nossa mente? Existiria diferença entre um jovem que se questiona sobre os motivos de existir e um cientista que busca identificar a partícula que dá estrutura arquitetônica a toda a matéria do universo? Eu lhe respondo sem grandes sobressaltos: NÃO! As motivações são as mesmas. Fazemos ciência porque é a forma mais eficiente que existe para compreender a espetacular complexidade do universo em que estamos inseridos, proporcionando uma janela de oportunidade para ajudar a fornecer significado à nossa própria existência. Como descreve Bertolt Brecht: "Eu sustento que a única finalidade da ciência está em aliviar a canseira da existência humana" (Brecht, 1991: 165).

Romper as amarras limitadoras das crenças infalsificáveis, de forma ampla e acessível para a maioria da humanidade, é uma das maneiras de seguir o caminho para nos aproximarmos do propósito de conhecer a realidade de modo mais acurado e preciso. No entanto, o acesso aos pilares sobre os quais se estrutura o conhecimento científico não tem chegado eficientemente a todas as pessoas, mesmo para aquelas que têm acesso a um ambiente universitário. A enorme pressão concorrente por acreditar no infalível, algo relativo às nossas motivações básicas, faz com que a manutenção de um ceticismo saudável para sustentar a compreensão falível do que se sabe seja uma tarefa que requer considerável esforço pessoal.

* * *

Neste capítulo, descrevi a religião como um sistema de crença infalível e suas consequências. A principal consequência do pensamento religioso é a maneira pela qual esse sistema de crença possibilita o desenvolvimento de argumentos que dão base para a racionalização de Escaninhos Mentais. Também descrevi a motivação que impele a ciência, apresentando-a como a mesma que leva as pessoas a acreditar ou fazer tantos outros empreendimentos humanos, como a religião e a arte. Agora chega a hora de concluir os argumentos deste livro no próximo capítulo.

Ciência: incerteza, pecado e redenção

*[Fedro] estudou as verdades
científicas e ficou ainda mais
aborrecido quando averiguou a causa
aparente de sua natureza temporal.
Parecia que a duração da verdade
científica era uma função inversa da
intensidade geral do esforço científico.*

Robert M. Pirsig

Este livro buscou apresentar as bases de como o conhecimento científico é produzido. Essa finalidade é alcançada por meio da caracterização do que é o conhecimento científico e de como ele se diferencia do não científico. Há uma enorme quantidade de conhecimento que se traveste de científico, mas que, em essência, não possui esse predicado, pois é infalível. Nossa necessidade por conhecimento estável faz com que os sistemas de crença certos e finais tenham grande apelo. Essa busca por entendimento aumenta o impulso em acreditar naquilo que queremos acreditar, fazendo que a procura pela validação das crenças, mesmo que equivocadas, seja algo corriqueiro e invisível para nossa consciência.

Alimentada por essas características, a profusão de sistemas de crença infalseáveis é imensa em nossa sociedade. Como exemplifiquei no início do primeiro capítulo, as pressões por acreditar em sistemas infalíveis ocorrem diariamente. Seja para o anúncio de produtos, para o entretenimento ou para a venda de livros, há inúmeros sistemas infalíveis que se apresentam como científicos, ganhando, nessa associação, força para persuadir. Mas essa persuasão apenas é eficaz para um público que não consegue discernir o que caracteriza o conhecimento científico, exatamente para diferenciá-lo do não científico. Minha expectativa é que este livro seja uma ferramenta útil para que você consiga fazer essa diferenciação.

A partir do entendimento de como funciona a cognição humana, a ciência exerce um papel importante para a expansão das limitações do nosso cérebro evoluído, que se adaptou a um universo que lhe permitiu um conjunto de possibilidades, mas, ao mesmo tempo, o limitou para muitas outras. Descrevi, então, alguns princípios do funcionamento psicológico na busca de sentido e conhecimento sobre a realidade. O conceito de Escaninhos Mentais (EM) explica como as pessoas acomodam sistemas de crença incompatíveis para a compreensão do mundo. Os EM não são ruins, necessariamente. Fazem parte da psicologia como forma de acomodar crenças incompatíveis.

A incerteza é o elemento que nos distancia da compreensão intuitiva do funcionamento da ciência. Em essência o conhecimento científico é falível e, portanto, incerto. A busca por certeza na compreensão do que está à nossa volta é central. Isso faz que evitemos a incerteza, por meio da crença do que parece certo e previsível (Kanheman, 2012). Essa busca nos empurra ao endosso de sistemas de crença infalíveis como forma de assegurar a padronicidade de entendimento do que está ao redor (Shermer, 2012). Lidar com a incerteza não é uma tarefa fácil para o cérebro, mas o esforço demonstra que é possível o desenvolvimento de raciocínio cético sobre o que sabemos, faculdade relevante para não embarcar em crenças que levem a acreditar em algo equivocado.

A nossa baixa capacidade para lidar com incerteza, somada à tendência de tentar eliminá-la por meio da crença no infalível, também funciona como um inibidor da competência para elaborar perguntas. Inibir a capacidade de perguntar é minar a criatividade para encontrar respostas cada vez mais acuradas, a partir da revisão constante do que se sabe. Veja o caso das crianças. Elas são naturalmente curiosas, no entanto, a socialização delas em sistemas de crença infalsificáveis faz com que as perguntas encontrem respostas no conforto do conhecimento infalível. Isso impossibilita a busca por alternativas de resposta, por meio da crítica à resposta encontrada e pela consequente busca por novas respostas. Perguntar é a base de tudo o que possibilitou conhecer o que hoje conhecemos. O conhecimento infalível, com respostas finais, resulta em não perguntar. Perguntar é o que nos permite seguir na jornada. Não na busca do conhecimento infalível, mas sim na busca de uma aproximação, ainda que imperfeita, da realidade. Essa é a melhor estratégia desenvolvida para conhecer e, aliada ao crivo cético do confronto com a realidade, é a melhor ferramenta que temos. É a coisa mais preciosa que possuímos (Sagan, 1996a).

As louváveis tentativas de manter o suposto embate entre ciência e religião em um estado de pseudodisputa, como é o caso da proposição dos Magistérios Não Interferentes (MNI) de Gould (2002), não podem obscurecer as diferenças que existem entre as formas de conhecer. Precisamos ser capazes de reconhecer que a diferença entre falibilidade e infalibilidade é significativa e traz efeitos para o entendimento da realida-

Ciência e pseudociência

de. Por outro lado, a manutenção de um debate para a busca de um lado vencedor também é infrutífera. No final das contas, a resolução de tais questões ocorre por mecanismos psicológicos específicos, como é o caso dos EM. Mas é inadmissível cercear os indivíduos de acessar o conhecimento e ser capazes de desenvolver ceticismo sobre o que acreditam. Argumentos sobre convergência, por exemplo, são falaciosos e não devem ser apoiados. Por mais que eu reconheça que o embate não está solucionado, é fundamental discutir abertamente o que caracteriza o conhecimento científico e as peculiaridades que o diferenciam da religião e da pseudociência. Também é importante que as pessoas tenham consciência das consequências de suas crenças, sem cair na arapuca de que endossar crenças infalíveis é inconsequente.

O principal problema do argumento dos MNI é o inapropriado cerceamento do questionamento, a partir do momento em que barreiras são impostas por argumentos como o de magistérios independentes. Isso implica dizer que a ciência não deve falar sobre assuntos como a moralidade. A saída não é essa. O melhor parece ser a honestidade intelectual de reconhecer que há pilares diferenciados sobre os quais esses conhecimentos se estruturam e que esses pilares possuem características muito diferentes. Resolver a questão argumentando que há campos de inserção distintos é, no mínimo, cercear a possibilidade de se fazer perguntas e, portanto, restringir o que podemos conhecer.

Sobre a compreensão científica da moralidade, mais um aspecto merece ser abordado neste capítulo final. Talvez esse seja um dos elementos mais controversos quando se discute a relação entre religião e ciência. A religião tem função de controle, de estabelecimento de regras e formas de conduta que é fundamental no modelo humanista da sociedade moderna (Harari, 2016). Esse propósito tem caráter prescritivo e a ciência não possui como finalidade substituir essa prescrição. Mas a partir do momento que compreendemos melhor, por meio do método científico, como se organizam os determinantes biológicos, psicológicos e evolutivos da moralidade, há mais informações que permitem prescrever sobre esse assunto. Os padrões morais de conduta são estabelecidos pelos grupos sociais, mesmo naqueles em que não há crença religiosa. Os grupos desenvolvem esses padrões para lidar com suas demandas, servindo como estratégias para resolver os desafios encontrados no seu ambiente. Nesse contexto, o conhecimento científico sobre a moralidade pode ser útil para a definição desses padrões prescritivos. Talvez por esse motivo já existam cientistas defendendo o estabelecimento de padrões (Dawkins, 2005; Harris, 2013). De qualquer forma, esse é o debate mais sensível sobre a intersecção desses magistérios, que, de uma forma secular ou religiosa, têm sido tratados, ainda hoje, como magistérios independentes.

Ter consciência sobre os EM e como funcionam é uma maneira de auxiliar a cada um de nós a levar o entendimento científico para além dos limites impostos pelos mecanismos psicológicos que nos constituem. Esse entendimento permite aumentar o alcance do conhecimento científico para todas as esferas da vida. Se este livro foi capaz de criar esse entendimento, boa parte do que eu almejava foi alcançado.

Na jornada em busca de conhecer a realidade é importante que o desejo de uma verdade definitiva não desvirtue o caminho. Com um cérebro preparado para esse tipo de mecanismo infalível de conhecer, somos sistematicamente impulsionados a criar ou acreditar em crenças infalíveis. Há que cuidar para não cair na cilada de tentar encontrar explicações definitivas e finais, transformando, então, a busca por conhecer em mais uma compreensão pseudocientífica da realidade. Não sucumbir diante dessa armadilha exige esforço e vigilância constantes, assumindo uma postura cética em relação a nossas próprias crenças.

É importante relembrar que o empreendimento científico não é isento de imperfeições. É visto por muitas pessoas como o responsável por vários dos desastres e malefícios que a humanidade já produziu. Isso é verdadeiro quando analisamos os males produzidos em nome da ciência (Gould, 2002) ou quando se observa os comportamentos inaceitáveis de alguns cientistas. Se, por um lado, a ciência melhorou nossa qualidade de vida, por outro, o abuso no uso dos recursos do planeta também pode ser atribuído ao desenvolvimento tecnológico possibilitado por ela. Atualmente, a mudança climática é um dos mais relevantes assuntos. As evidências indicam que o aquecimento global já é uma realidade irreversível e que ele é fruto da emissão de gases de carbono na atmosfera da Terra. É por causa do desenvolvimento científico e tecnológico que tal despejo de gases ocorreu e ainda ocorre, pois foram tecnologias de geração de energia, demandada por tantas outras necessidades geradas pelos avanços tecnológicos, que produziram a mudança climática. No entanto, a única alternativa eficaz que temos para minimizar o quadro é justamente desenvolver e democratizar tecnologias que permitam a eliminação das emissões. De novo, esse recurso apenas é possível pelo emprego do raciocínio cético e científico para a produção de soluções não poluentes ou outras alternativas sustentáveis para a vida no planeta. Sob esse ponto de vista, a ciência pode ser entendida como nosso pecado, mas ao mesmo tempo nossa redenção perante os problemas que nos afligem.

Não encaro, por fim, que a ciência seja uma panaceia para a resolução dos problemas de todos e quaisquer indivíduos do planeta. Ela está na origem de muitos dos problemas e há evidências históricas que apontam nesse sentido, a exemplo de proporcionar justificativas para a discriminação, o segregacionismo, a eugenia e até o genocídio. Meu cérebro cético não me permite deixar de enxergar a falibilidade de minhas crenças e do que conheço da realidade que me cerca. Essa postura, porém, também permite compreender que o caminho mais eficiente para nos aproximar da verdade é uma visão humilde perante o que se sabe. Para isso, é fundamental a capacidade de reconhecer que o que se conhece sobre algo é falível, pode estar errado. A ideia de reconhecer que podemos estar errados é o caminho para viver melhor em sociedade e preservar o que nos permite viver. As palavras de Carl Sagan (1996b: 2), em *Pálido ponto azul*, sintetizam um pouco desse sentimento:

> Tem-se dito que astronomia é uma experiência que forma caráter e ensina humildade. Talvez não exista melhor comprovação da loucura das vaidades humanas do que esta distante imagem de nosso mundo minúsculo. Para mim, ela sublinha a responsabilidade de nos relacionarmos mais bondosamente uns com os outros e de preservamos e amarmos o pálido ponto azul, o único lar que conhecemos.

Enfim, o principal motor da nossa jornada para a compreensão da realidade é o reconhecimento de que podemos estar errados. Essa característica dá a chance de percorrer novos caminhos para superar a limitação, desenvolvendo novas formas de convivência e permitindo uma vida melhor e mais próspera para nós, para nosso lar e para as futuras gerações.

Agradecimentos

Um livro como este, ainda que seja de um único autor, não é um trabalho solitário. Foram muitas as pessoas que de forma mais ou menos direta participaram no curso tomado. Ele nasce de ideias que alimento há muitos anos, desde meados da década de 1990, quando passei a estudar sistematicamente Teoria da Ciência. A partir desses estudos e com uma compreensão mais ampla de cognição e cognição social é que delineei a ideia básica desse livro, pois considero que, para se compreender Epistemologia e Teoria da Ciência, precisamos saber como a cognição humana lida com questões centrais, como incerteza, racionalidade, irracionalidade, busca por confirmação, padronicidade, entre tantos outros mecanismos. Esse cotejamento entre áreas acabou virando este livro por uma decisão arbitrária e inusitada ao final do primeiro semestre de 2015. Nessa jornada de tantos anos muitas pessoas foram fundamentais e várias delas me deram a importante contribuição da leitura crítica de versões anteriores do livro que aqui temos.

Ciência e pseudociência

Meu agradecimento especial, pelas sugestões e críticas que fizeram para melhorar o produto final, a Alexandre Magno Dias Silvino, amigo de acaloradas e instigantes discussões, nos últimos vinte anos, sobre ciência, religião, ateísmo e tantas outras coisas; a André Rabelo, meu ex-aluno de doutorado que muito me ensinou e fez pensar sobre a divulgação científica; à Juliana Porto, que é a companheira em todas as dimensões da vida e que criticou uma versão prévia e deu importantes contribuições; a Tiago Mourão, que, apesar de pouco me conhecer, aceitou a difícil tarefa de ler e criticar meu primeiro rascunho; a Maria Alexandra Hees, que realizou uma minuciosa análise da redação, me ajudando a aprimorar a clareza e objetividade das ideias que quero expressar neste texto; a Demétrio Antônio da Silva Filho, pela disponibilidade em revisar o texto sob o olhar crítico de um físico; a Jairo Borges, amigo de trabalho conjunto há muitos anos, inicialmente como meu orientador, que realizou uma leitura crítica que permitiu ser mais claro nos propósitos do texto; a Wilton Barroso, que leu uma das versões finais do livro e teceu importantes considerações para o seu aprimoramento.

Também agradeço a todos os meus orientandos do Grupo de Estudos e Pesquisas em Psicologia Social (GEPS), em especial a Luiz Victorino, Jéssica Farias, Tiago Cunha e Teresa Clara, que, em abril e outubro de 2017, leram versões deste livro e deram importantes sugestões para deixar mais tragável os argumentos e as ideias que apresento.

Também gostaria de agradecer à Editora Contexto, que aceitou o desafio de publicá-lo. Em especial gostaria de agradecer a atenção dispensada à obra pela equipe editorial, à Luciana Pinsky, pelas sugestões de melhoria de redação, e à Lilian Aquino, pela revisão de língua portuguesa.

Referências bibliográficas

ABRAMUNDO. *Indicador de letramento científico – ILC.* São Paulo, 2014.

ARONSON, E.; WILSON, T. D.; AKERT, R. M. *Psicologia social.* 3. ed. São Paulo: LTC, 2002.

BAUMEISTER, R. F. The Self. In: *Advanced Social Psychology:* The State of the Science. New York: Oxford University Press, 2010, pp. 139-75.

BRECHT, B. *Teatro completo.* v. 6. Paz e Terra: Rio de Janeiro, 1991.

BLANCKE, S.; SMEDT, J. de. Evolved To Be Irrational? Evolutionary and Cognitive Foundations of Pseudosciences. In: *Philosophy of Pseudoscience*: Reconsidering the Demarcation Problem. Chicago: University of Chicago Press, 2013, pp. 361-79.

BLOOM, P. "Religion, Morality, Evolution". *Annual Review of Psychology.* 63, September 2012, pp. 179-99. Disponível em: <https://doi.org/10.1146/annurev-psych-120710-100334>. Acesso em: mar. 2018.

BRAGA, B.; POPE, B.; DRUYAN, A. *Cosmos*: A Space Time Odissey. EUA: Fox, 2014.

BUNGE, M. "What is Pseudoscience? Pseudoscience Can Be Clearly Distinguished from Science Only if a Number of Features Are Checked". *The Skeptical Inquire.* 9(1), 1984, pp. 36-46.

CASSEPP-BORGES, V.; PASQUALI, L. "Estudo nacional dos atributos psicométricos da escala Triangular do Amor de Sternberg". *Paideia.* 22(51), 2012, pp. 21-31. Disponível em: <https://doi.org/10.1590/S0103-863X2012000100004>. Acesso em: mar. 2018.

CHALMERS, A. F. *O que é ciência afinal?* São Paulo: Brasiliense, 1993.

CIOFFI, F. Pseudoscience: The Case of Freud's Sexual Etiology of the Neuroses. In: *Philosophy of Pseudoscience: Reconsidering the Demarcation Problem.* Chicago: University of Chicago Press, 2013, pp. 321-40.

CLARK, G. H. *A filosofia da ciência e a crença em Deus.* São Paulo: Monergismo, 2016 [1. ed. 1964].

COLLABORATION, O. S. "An Open, Large-Scale, Collaborative Effort to Estimate the Reproducibility of Psychological Science". *Perspectives on Psychological Science.* 7(6), 2012, pp. 657-60. Disponível em: <https://doi.org/10.1177/1745691612462588>. Acesso em: mar. 2018.

_____. "The Reproducibility Project: A Model of Large-Scale Collaboration for Empirical Research on Reproducibility". SSRN *Electronic Journal.* 2013, pp. 1-39. Disponível em: <https://doi.org/10.2139/ssrn.2195999>. Acesso em: mar. 2018.

CONFER, J. C. et al. "Evolutionary Psychology. Controversies, Questions, Prospects, and Limitations". *The American Psychologist.* 65(2), 2010, pp. 110-26. Disponível em: <https://doi.org/10.1037/a0018413>. Acesso em: mar. 2018.

CUCHERAT, M. et al. "Evidence of Clinical Efficacy of Homeopathy". *European Journal of Clinical Pharmacology.* 56(1), 2000, pp. 27-33. Disponível em: <https://doi.org/10.1007/s002280050716>. Acesso em: mar. 2018.

DAMASIO, A. *O mistério da consciência.* São Paulo: Companhia das Letras, 2000.

DAWKINS, R. *O capelão do diabo.* São Paulo: Companhia das Letras, 2005.

____. *O gene egoísta.* São Paulo: Companhia das Letras, 2008.

____. *A magia da realidade.* São Paulo: Companhia das Letras, 2012.

____. *Fome de saber:* a formação de um cientista. São Paulo: Companhia das Letras, 2015.

DOISE, W. "Da psicologia social à psicologia societal". *Psicologia: Teoria e Pesquisa.* 18(1), 2002, pp. 27-35.

EVANS, J. S. B. T. "Dual-Processing Accounts of Reasoning, Judgment, and Social Cognition". *Annual Review of Psychology.* 59, 2008, pp. 255-78. Disponível em: <https://doi.org/10.1146/annurev.psych.59.103006.093629>. Acesso em: mar. 2018.

Referências bibliográficas

FESTINGER, L.; RIECKEN, H. W.; SCHACHTER, S. *When the Profecy Fails*. London: Pinter & Martin, 1957.

FEYNMAN, R. *Os melhores textos de Richard Feynman*. São Paulo: Blucher, 2015.

FISKE, S. T.; TAYLOR, S. E. *Social Cognition*: from Brains to Culture. 3. ed. London: Sage, 2017.

FRIESEN, J. P.; CAMPBELL, T. H.; KAY, A. C. "The Psychological Advantage of Unfalsifiability: The Appeal of Untestable Religious and Political Ideologies". *Journal of Personality and Social Psychology*. 108(3), 2015, pp. 515-29. Disponível em: <https://doi.org/10.1037/pspp0000018>. Acesso em: mar. 2018.

FUCHS, H. M.; JENNY, M.; FIEDLER, S. "Psychologists Are Open to Change, yet Wary of Rules". *Perspectives on Psychological Science*. 7(6), 2012, pp. 639-42. Disponível em: <https://doi.org/10.1177/1745691612459521>. Acesso em: mar. 2018.

GIGERENZER, G. *Calcular o risco*. Lisboa: Gradiva, 2005.

GLEISER, M. *Criação imperfeita*: cosmos, vida e o código oculto da natureza. São Paulo: Record, 2010.

GOLDACRE, B. *Ciência picareta*. Rio de Janeiro: Civilização Brasileira, 2013.

GOULD, S. J. *Pilares do tempo*: ciência e religião na plenitude da vida. Rio de Janeiro: Rocco, 2002.

GREENWALD, A. G. "There Is Nothing So Theoretical as a Good Method". *Perspectives on Psychological Science*. 7(2), 2012, pp. 99-108. Disponível em: <https://doi.org/10.1177/1745691611434210>. Acesso em: mar. 2018.

HAIDT, J.; KESEBIR, S. Morality. In: FISKE, S. T.; GILBERT, D. T.; LINDZEY, G. (Eds.). *Handbook of Social Psychology*. Hobeken: Wiley, 2010, pp. 797-832.

HAM, J.; VAN DEN BOS, K. "On Unconscious Morality: The Effects of Unconscious Thinking on Moral Decision Making". *Social Cognition*. 28(1), 2010, pp. 74-83. Disponível em: <https://doi.org/10.1521/soco.2010.28.1.74>. Acesso em: mar. 2018.

HARARI, Y. N. *Homo deus*: uma breve história do amanhã. São Paulo: Companhia das Letras, 2016.

HARRIS, S. *A paisagem moral*: como a ciência pode determinar os valores humanos. São Paulo: Companhia das Letras, 2013.

147

_____. *Despertar:* um guia para espiritualidade sem religião. São Paulo: Companhia das Letras, 2015.

João Paulo II. *Fides et Ratio*. Vaticano, 1998.

John, L. K.; Loewenstein, G.; Prelec, D. "Measuring the Prevalence of Questionable Research Practices with Incentives for Truth Telling". *Psychological Science*. 23(5), 2012, pp. 524-32. Disponível em: <https://doi.org/10.1177/0956797611430953>. Acesso em: mar. 2018.

Kahneman, D. "A Perspective on Judgment and Choice: Mapping Bounded Rationality". *The American Psychologist*. 58(9), 2003, pp. 697-720. Disponível em: <https://doi.org/10.1037/0003-066X.58.9.697>. Acesso em: mar. 2018.

_____. *Rápido e devagar:* duas formas de pensar. São Paulo: Objetiva, 2012.

Ladyman, J. Toward a Demarcation of Science from Pseudoscience. In: Pigliussi, M.; Boudry, M. (Eds.). *Philosophy of Pseudoscience*: Reconsidering the Demarcation Problem. Chicago: University of Chicago Press, 2013, pp. 45-59.

Lilienfeld, S. O. "Can Psychology Become a Science?" *Personality and Individual Differences*. 49(4), 2010, pp. 281-8. Disponível em: <https://doi.org/10.1016/j.paid.2010.01.024>. Acesso em: mar. 2018.

Mahner, M. Science and Pseudoscience: How to Demarcate After the (Alleged) Demise of the Demarcation Problem. In: Pigliussi, M.; Boudry, M. (Eds.). *Philosophy of Pseudoscience*: Reconsidering the Demarcation Problem. Chicago: University of Chicago Press, 2013, pp. 29-43.

Mlodinow, L. *Subliminar*. Rio de Janeiro: Zahar, 2013.

_____. *De primatas a astronautas*: a jornada do homem em busca do conhecimento. Rio de Janeiro: Zahar, 2015.

Myers, D. G. *Psicologia social*. 10. ed. Porto Alegre: McGraw-Hill, 2014.

Nosek, B. A.; Spies, J. R.; Motyl, M. "Scientific Utopia: II. Restructuring Incentives and Practices to Promote Truth Over Publishability". *Perspectives on Psychological Science*. 7(6), 2012, pp. 615-31. Disponível em: <https://doi.org/10.1177/1745691612459058>. Acesso em: mar. 2018.

Orsi, C. *O livro da astrologia*. São Paulo: Amazon, 2016.

Otta, E.; Yamamoto, M. E. *Psicologia evolucionista*. Rio de Janeiro: Guanabara, 2009.

Pigliucci, M. The Demarcation Problem: A (Belated) Response to Laudan.

In: Pigliussi, M.; Boudry, M. (Eds.). *Philosophy of Pseudoscience*: Reconsidering the Demarcation Problem. Chicago: University of Chicago Press, 2013, pp. 9-28.

Pinker, S. *Como a mente funciona*. São Paulo: Companhia das Letras, 1998.

____. *Tábula rasa*. São Paulo: Companhia das Letras, 2004.

Popper, K. *A lógica da pesquisa científica*. São Paulo: Cultrix, 1975 [1. ed. 1934].

____. *Conjecturas e refutações*. Brasília: UnB, 2008 [1. ed. 1962].

Randi, J. *An Encyclopedia of Claims, Frauds, and Hoaxes of the Occult and Supernatural*. New York: St. Martin's Press, 2011.

Sagan, C. "The Burden of Skepticism". *Skeptical Inquirer*. 12(1), 1987, pp. 1-6.

____. *O mundo assombrado pelos demônios*: a ciência vista como uma vela no escuro. São Paulo: Companhia das Letras, 1996a.

____. *Pálido ponto azul*. São Paulo: Companhia das Letras, 1996b.

Shadish, W. R.; Cook, T. D.; Campbell, D. T. *Experimental and Quasi-Experimental Designs for Generalized Causal Inference*. Michigan: Houghton Mifflin, 2002.

Shermer, M. *Ensine ciência a seu filho*: torne a ciência divertida para vocês dois. São Paulo: JSN, 2011.

____. *Cérebro e crença*. São Paulo: JSN Ebook, 2012.

____. *Porque as pessoas acreditam em coisas estranhas*. São Paulo: JSN Ebook, 2013a.

Shermer, M. Science and Pseudoscience: The Difference in Practice and the Difference it Makes. In: Pigliussi, M.; Boudry, M. (Eds.). *Philosophy of Pseudoscience*: Reconsidering the Demarcation Problem. Chicago: University of Chicago Press, 2013b, pp. 203-23.

Sokal, A.; Bricmont, J. *Imposturas intelectuais*: o abuso da ciência pelos filósofos pós-modernos. São Paulo: Record, 1999.

Sommers, S. *O poder das circunstâncias*. São Paulo: Elsevier, 2012.

Spellman, B. A. "Introduction to the Special Section on Research Practices". *Perspectives on Psychological Science*. 7(6), 2012, pp. 655-6. Disponível em: <https://doi.org/10.1177/1745691612465075>. Acesso em: mar. 2018.

Stokes, D. E. *O quadrante de Pasteur*: a ciência básica e a inovação tecnológica. Campinas: Unicamp, 2005.

Notas

[1] Há uma grande quantidade de vídeos e outras informações na internet que defendem a tese da Terra plana, como este: https://goo.gl/yiwxHb; aqui um que apresenta argumentos sobre rotas aéreas que evidenciam que a Terra é esférica: https://goo.gl/44dbx8.

[2] A teoria da dissonância descreve um conjunto de processos psicológicos que explicam como crenças diversas se acomodam e equilibram em nossa mente. No capítulo "A psicologia humana e o conhecimento científico" descrevo com mais detalhes o assunto.

[3] A ideia de infalibilidade de uma crença ou de um sistema de crenças é fundamental neste livro. Um ponto de partida interessante para se aprofundar nessa questão da crença infalível é um vídeo publicado pelo canal Minutos Psíquicos em 2014, intitulado "Ideias à prova de balas": https://goo.gl/6jnFCa.

[4] Informações sobre essa seita podem ser encontradas em alguns sítios da internet, em notícias da época (https://goo.gl/svyWoh).

[5] A frase frequentemente atribuída a Sagan é a seguinte: "Já foi dito que astronomia é uma experiência de humildade e criadora de caráter". Ele aborda essa questão em diferentes momentos de sua obra, como é o caso do *Pálido ponto azul* (Sagan, 1996b). Considero uma alegoria muito relevante, porém que não é circunscrita à ciência de Sagan, a astronomia, mas sim a ciência de forma geral. A humildade é uma atitude que deve estruturar a formação do caráter do cientista, em particular, e uma atitude geral que todas as pessoas, de forma ampla, deveriam possuir perante o que sabemos do mundo a nossa volta e sobre nós mesmos. Isso permite sermos mais tolerantes e menos suscetíveis a ideologias extremadas, as quais possuem diversas consequências ruins para a sociedade.

[6] O uso do termo na língua portuguesa é controverso, e pode aparecer grafado de formas ligeiramente diferentes. No entanto, ressalto aqui que mais importante do que utilizar a palavra precisa ou mais frequentemente utilizada é compreender o significado do conceito de conhecimento falseável ou falsificável.

[7] Achou estranho ou inusitado este exemplo? Ele é real e faz parte de um projeto de investigação realizado em uma universidade brasileira. Olhe aqui a notícia: https://goo.gl/mrtqMU. Não possuo maiores informações sobre esse projeto de pesquisa, além do que está na reportagem. No entanto, quero deixar claro com esse exemplo que o emprego do método científico pode ser feito para qualquer tipo de pergunta. Entre as várias diferenças entre o conhecimento científico e crença religiosa, por exemplo, a principal está que, no primeiro, a explicação é elaborada após o método científico ter sido aplicado para compreender o fenômeno, enquanto, na última, a explicação vem de crenças que não são submetidas a um teste para indicar sua falsidade. Virtualmente qualquer explicação pode ser investigada cientificamente, desde que os princípios do emprego do método sejam respeitados e que as conclusões alcançadas sejam coerentes com as evidências encontradas.

[8] Refiro-me aqui às ciências humanas porque dizem respeito ao espaço mais frequente no qual este tipo de discussão ocorre. Mas não julgo impossível nem improvável que tais discussões possam ter surgido em disciplinas de outras áreas.

[9] A ideia expressa aqui de situação social diz respeito ao conceito basilar de "influência social", amplamente descrito em minha área de investigação. Ele possui uma relação direta com o conceito de conformidade, que já descrevi anteriormente neste livro. Ao contrário do que se pode pensar à primeira vista, a ideia de influência social não diz respeito, necessariamente, a uma tentativa deliberada de uma pessoa ou grupo em influenciar outra pessoa ou grupo de pessoas. Na verdade, boa parte de nosso comportamento se dá por essa influência, por meio das normas sociais, sem nem nos darmos conta. Por sermos uma espécie gregária, que evoluiu graças à existência de grupos, a influência social é um processo básico que determina nossa aprendizagem desde os primeiros momentos do desenvolvimento de qualquer um de nós. Caso tenha maior interesse nesse processo tão essencial para os humanos, recomendo uma pesquisa sobre o assunto, pois não o abordarei mais neste livro. Sugiro a leitura de um bom livro em psicologia social (ex. Myers, 2014) ou um livro de divulgação científica que trate da questão (ex. Sommers, 2012).

Notas

[10] Me refiro aqui ao Google Citations. Mais informações sobre essa ferramenta, bem como todas as outras ferramentas acadêmicas do Google, você pode obter acessando o seguinte endereço: https://scholar.google.com.br/.

[11] Disponível em retractionwatch.com.

[12] Despublicar um trabalho significa retirá-lo de circulação e eliminá-lo do fascículo da revista que inicialmente o tornou público. Isso é meio estranho, pois uma vez publicado, já foi tornado público. No entanto, a prática de despublicação é usual em ciência, como uma forma de punição por má conduta detectada depois da publicação do trabalho.

[13] Utilizo aqui exemplos da psicologia pelo fato de essa ser minha área de pesquisa. Evidentemente, tais práticas também são encontradas em outras áreas do conhecimento e, se você estiver interessado, pode encontrar literatura sobre isso em diferentes fontes na internet. Uma boa forma de começar é pelo próprio *Retraction Watch*.

[14] O blog RW faz o acompanhamento das despublicações de Stapel. Até o momento em que redijo este capítulo, o número está em 58 artigos.

[15] Nesse blog você encontra uma resenha em inglês do livro: https://goo.gl/QjzDxu (acesso em fev. 2018). O livro foi escrito e publicado em holandês e, até onde sei, não houve traduções para outros idiomas. Evidentemente, muitas críticas foram feitas à iniciativa de Stapel escrever um livro sobre sua "arte" de fraudar dados, o que o fez recuar, aparentemente, de cobrar pelo livro. Por isso, a publicação foi feita em formato de acesso aberto.

[16] A Open Science Framework (http://centerforopenscience.org/) é uma plataforma colaborativa que nasceu desta proposta. Ela tem expandido sua atuação e cientistas de diferentes áreas a utilizaram com o propósito de dar mais visibilidade e transparência, aumentando o controle social sobre todas as etapas do processo de se fazer ciência. Diferente do modelo "anterior", em que a transparência apenas era dada no momento em que existia um relatório de pesquisa a ser avaliado por editores e consultores de revisas científicas.

[17] Sou contrário à ideia de formação de discípulos e herdeiros intelectuais. O caráter libertário e falsificacionista da ciência, na verdade, indica que outro é o caminho a ser tomado. O cientista deve ser capaz, dentro de suas possibilidades, de produzir algo novo, mais próximo da realidade e mais acurado para a compreensão do universo. A ideia de formar herdeiros que seguem seu legado é incoerente com o propósito de revisão constante que é o principal motor da ciência. Isso não quer dizer que o que já foi feito não deva ser reconhecido. Mas, no geral, esse reconhecimento

Ciência e pseudociência

funciona como um ponto de partida do que se conhece para a produção do novo. Reconhecer um outro cientista não significa reproduzir seus passos, profetizar seu legado ou magnificar sua autoridade, características que estão presentes quando discípulos são criados.

[18] Sob determinado ponto de vista, podemos, sim, nos maravilhar com as capacidades da cognição. No entanto, o que procuro enfatizar neste momento são as limitações, a falta de capacidade de apreensão que deixa de fora a maior parte da realidade do universo. Assim é que a ciência, seus princípios, seus métodos e suas ferramentas nos permitem ir além dos limites de nossa capacidade cognitiva de compreensão.

[19] Sobre esse aspecto da complexidade do fenômeno humano, veja o capítulo "O que caracteriza o conhecimento científico", sobre níveis de análise. Reitero aqui o modelo de níveis de análise como a forma de reconhecer que os fenômenos são determinados por múltiplos fatores, em diversos níveis, como quaisquer outros fenômenos estudados em qualquer área do conhecimento. A premissa e abordagem cética e falibilista do cientista não deve ser alterada nesse caso. Também não deve ser reduzida a um viés de um único nível de análise.

[20] Não vou entrar em detalhes do caso aqui. Para os interessados, sugiro a leitura de um post que publiquei em meu blog na época: https://goo.gl/XwkpV1.

[21] Utilizo aqui o termo em inglês porque ele não possui uma tradução satisfatória. Uma possível tradução seria "Eu", mas o uso deste conceito na língua portuguesa não possui a mesma abrangência de *Self*. Por isso, prefiro utilizar o termo em inglês e definir o conceito para que você compreenda o processo a que me refiro.

[22] A ideia de revolução cognitiva se refere à retomada do interesse pelos estudos dos processos mentais, em diferentes áreas do conhecimento, inicialmente em Linguística e Psicologia, e depois nas ciências comportamentais, ocorridas a partir de meados da década de 1950. Tais ideias foram bastante motivadas pelos computadores e tornaram-se uma nova (ou reinventada) janela para se estudar a cognição humana. Essa "revolução" fomentou a criação de gerações de novos cientistas que formaram uma nova e instigante compreensão sobre a cognição humana e seus efeitos em nosso comportamento. Atualmente, o modelo cognitivo de compreensão é a forma mais influente de entendimento teórico e empírico sobre o comportamento humano, influenciando a pesquisa em Psicologia, Economia, Ciência Política e outras ciências comportamentais. As ciências cognitivas inauguraram novos campos de investigação, permitiram uma

154

interface fundamental com as neurociências e são o principal paradigma de pesquisa no qual caminha o conhecimento mais efetivo e refinado sobre o comportamento humano. Na minha área de pesquisa, Psicologia Social, a revolução cognitiva deu as bases para o desenvolvimento da cognição social, que é uma abordagem integradora dos processos intra e interindividuais de interesse para estudar o comportamento social humano.

[23] O placebo é uma estratégia metodológica para a pesquisa experimental aplicada a diferentes áreas de investigação (às vezes chamada de grupo de comparação, grupo de controle ou grupo sem tratamento (Shadish, Cook e Campbell, 2002). Na pesquisa médica, o efeito de placebo é útil como grupo de comparação para o desenvolvimento de novos medicamentos. Nesse caso, o novo medicamento usualmente é comparado com uma pílula de uma substância que não provoca qualquer efeito terapêutico, como farinha, açúcar ou outra substância inerte. Sabe-se que muitas pessoas têm melhora de sintomas ou cura apenas por acreditarem estar tomando algum tipo de terapia medicamentosa. A homeopatia tem o mesmo tipo de efeito. No canal do Youtube Nerdologia você encontra um vídeo sobre ela: https://goo.gl/C5nXm7 (acesso em fev. 2018). E, ainda, James Randi, em um TED Talk, também explica sobre a homeopatia e outras fraudes: https://goo.gl/EyhuHU.

[24] O termo em inglês é *Intelligent Design*. Faço uma tradução livre para o emprego neste momento do livro. De forma geral, esse movimento tenta garantir que a "teoria do desenho inteligente" deve ser ensinada nas escolas como uma visão científica "alternativa" à teoria de evolução das espécies darwiniana.

[25] Alguns dos vídeos podem ser acessados nos seguintes links: https://goo.gl/2Qn2kE; https://goo.gl/WtkviR (acesso em fev. 2018).

[26] Este é um assunto bastante relevante. Compreender como e por que teorias da conspiração fazem tanto sucesso entre as pessoas é algo necessário. Trata-se de uma forma particular de crença em argumentos infalíveis, pois em geral uma teoria da conspiração se baseia em uma premissa impossível de ser falseada pela inexistência de dados (ex: os laboratórios possuem interesses escusos sobre as vacinas, pois ganham milhões com elas. Não param de vendê-las, apesar de saberem os danos causados). Em geral as teorias conspiratórias se reforçam na espiral de endosso automático que as pessoas dão às suas crenças básicas. Muitas vezes há grande quantidade de informações que contradizem essas crenças (ex: há enorme quantidade de evidências científicas da literatura médica que mostram que imunizar com vacinas é muito mais benéfico do que os riscos que trazem), mas estas são

ignoradas por quem endossa a teoria da conspiração. Um excelente vídeo explicativo foi publicado em 2016 pelo canal do YouTube Nerdologia abordando o tema: https://goo.gl/fNnSdK. É um bom ponto de partida para se compreender melhor esta questão.

[27] James Randi é um divulgador do pensamento cético. Tornou-se famoso nos EUA como mágico ilusionista e posteriormente começou um trabalho sistemático de desmascaramento de supostos paranormais, telecinéticos, entre outros "detentores" de poderes sobrenaturais. Seu embate mais famoso, provavelmente, se deu com Uri Geller nas décadas de 1970 e 1980. Randi fez um trabalho primoroso de desenvolvimento de raciocínio cético sobre crendices gerais, principalmente aquelas que engambelam muita gente bem informada. Boa parte dessas crenças se travestem de um argumento racional, mas pseudocientífico, geralmente invocando termos e expressões que se aproximam de um discurso científico, mas que, na verdade, nada têm de falsificáveis. Há farto material produzido por ele, entre livros, vídeos (acessíveis no Youtube), documentários, entre outros. Recomendo o acesso ao site da fundação que ele mantém: http://web.randi.org/. Também vale assistir a este TED que ele proferiu: https://goo.gl/P7wLq1 (acesso fev. 2018). O vídeo que utilizei como base para descrever o caso de desmascaramento do telecinético nesta seção do livro pode ser acessado aqui: https://goo.gl/mnp4Mr (acesso fev. 2018).

[28] É o seguinte endereço eletrônico: https://goo.gl/BxiMBw (acesso fev. 2018). Na indicação dos objetivos do site, trata-se de uma escola de astrologia, com o propósito de divulgar a prática.

[29] Em psicologia nos deparamos há mais de um século com o problema do dado da pesquisa produzido a partir do que as pessoas falam ou julgam de forma consciente. As evidências produzidas indicam que, por exemplo, a correspondência entre o que as pessoas dizem que fariam e o que elas de fato fazem é pequena na maior parte das vezes. Também sabemos que há discrepância entre o que as pessoas conseguem relatar a partir do acesso às suas memórias e o mensurado de forma indireta. O fato de termos aquela sensação, muito real por sinal, de *Self* (que descrevi no capítulo "A psicologia humana e o conhecimento científico") não quer dizer que nossas impressões sobre nós mesmos sejam acuradas. Basear sua "evidência" exclusivamente no autorrelato, como em geral fazem os astrólogos na tentativa de dar subsídio científico à sua disciplina, é um erro. Muito provavelmente esse é um dos principais motivos do *status* pseudocientífico da astrologia, justamente pelo caráter infalsificável advindo das descrições genéricas sobre pessoas julgadas pelas próprias pessoas que são alvo das descrições astrológicas.

Notas

[30] Este problema nas universidades brasileiras foi apresentado em um artigo que circula na internet: https://goo.gl/UZzcQB (acesso fev. 2018). Este material também foi citado por outros autores que discutem pseudociência, como é o caso de Carlos Orsi (Orsi, 2016).

[31] Sokal e Bricmont definem pós-modernismo como "uma corrente intelectual caracterizada pela rejeição mais ou menos explícita da tradição racionalista do Iluminismo, por discursos teóricos desconectados de qualquer teste empírico e por um relativismo cognitivo e cultural que encara a ciência como nada mais que uma "narração", um "mito" ou uma construção social entre muitas outras." (Sokal e Bricmont, 1999: 13)

[32] São os seguintes os escolhidos por Sokal e Bricmont: Gilles Deleuze, Jacques Derrida, Félix Guattari, Luce Irigaray, Jacques Lacan, Bruno Latour, Jean-François Lyotard, Michel Serres, Paul Virilio, Jean Baudrillard e Julia Kristeva.

[33] Trata-se do projeto de desenvolvimento de um software gerador de textos pós-modernistas que funciona como um motor que produz textos gramaticalmente coerentes, mas que não têm sentido argumentativo algum. Você também pode gerar os seus no seguinte endereço: http://www.elsewhere.org/journal/pomo/. Após entrar pela primeira vez no endereço, atualize a página e um novo texto aparecerá.

[34] Aqui temos o mesmo problema que já apresentei anteriormente sobre o critério de validação da astrologia. Informações unicamente baseadas em relato são frágeis pelas próprias limitações da cognição humana. Uma agenda mais profícua para os psicanalistas seria sair de uma ação puramente confirmatória e passar a empregar estratégias de investigação que fossem falsificáveis e não baseadas apenas no relato de analistas e pacientes. É verdade que atualmente neurocientistas têm se interessado em testar de forma científica algumas das predições da teoria psicanalítica, mas não com a frequência necessária dentro da comunidade de psicanalistas.

[35] Admito que o conceito de religião é bastante amplo e envolve grande diversidade, já que as práticas religiosas são variadas. Porém, considero aqui a ideia de religião de forma ampla, na qual os indivíduos professam crença em entidades sobrenaturais diversas e utilizam tais crenças como mecanismos de compreensão da realidade.

[36] Esta questão não deixa de ser controversa, pois é possível observar grupos religiosos que buscam justificativa científica para suas crenças. Um exemplo é o espiritismo kardecista, que possui grupos organizados que procuram evidências científicas para a existência dos espíritos. Essa característica do

espiritismo remonta aos primeiros estudiosos espíritas, que viveram em pleno século XIX, na alvorada do positivismo como epistemologia científica.

[37] Emprego o termo aqui a partir da concepção de Memes proposta por Richard Dawkins (2008, 2015). Memes são unidades de informações capazes de se multiplicar pelas práticas culturais, normas sociais, entre outros processos de influência social presentes nas interações humanas. Essa concepção me parece útil para expressar a ideia de um padrão cultural de entendimento em relação à ciência como algo que deva ser tratado e entendido como apartado de diversas questões humanas e apl·cado unicamente a determinadas esferas da vida, como em sua formação escolar e em sua carreira profissional. Dessa forma, o Meme funciona como uma racionalização socialmente compartilhada para a construção de Escaninhos Mentais.

[38] Lembre-se de que considero como pseudocientíficas não apenas aquelas ocorrências, em geral, alheias ao mundo acadêmico. Minha categorização é inclusiva, pois muitos sistemas de pensamento que sobrevivem dentro das universidades também podem ser caracterizadas como pseudociência, pois partilham o mesmo princípio do infalsificável. São sistemas infalíveis de compreensão. Isso vale para os exemplos que exploro no capítulo "Parece mas não é: a sedução da pseudociência", como a psicanálise e formas de discurso racional, como é o caso do pós-modernismo e seus vários autores.

[39] Esta discussão sobre pesquisa básica e pesquisa aplicada foi objeto de amplo debate em história e filosofia da ciência ao longo do século XX. Uma boa categorização e explanação sobre esse assunto foi apresentada no livro *O quadrante de Pasteur*, em que Donald Stokes (2005) apresenta uma estratégia de classificação dos tipos de pesquisa e dá exemplos de cada um a partir de grandes cientistas que tinham preocupações rigorosamente básicas de compreensão da natureza (como é o caso de Niels Bohr – quadrante Bohr) ou cientistas que tinham como meta produzir tecnologias para melhorar a vida e ganhar dinheiro (como é o caso de Thomas Edison – quadrante Edison). No argumento de Stokes, Pasteur se caracteriza como um cientista que possuía objetivos híbridos, ou seja, de desvelar a realidade do universo sem deixar de produzir desenvolvimento tecnológico. De certa forma, a acepção desenvolvida por Stokes rompe, corretamente, com a equivocada clivagem estabelecida pela discussão entre pesquisa básica *vs.* aplicada.

[40] Observatório de Ondas Gravitacionais por Meio de Interferômetro Laser (*Laser Interferometer Gravitational-Waves Observatory* – https://www.ligo.caltech.edu/) .

O autor

Ronaldo Pilati é doutor em Psicologia e professor de Psicologia Social na Universidade de Brasília (UnB). Sua área de interesse é a Cognição Social, com foco em racionalidade e irracionalidade humana. Realiza pesquisas científicas sobre diversos temas, como moralidade, comportamento pró-social, desonestidade e influência da cultura no comportamento. Possui interesse especial em como as pessoas compreendem e acreditam em explicações sobre o mundo que as rodeia, de forma particular de que maneira as crenças sobre ciência, pseudociência e religião se sobrepõem para dar sentido ao mundo. Seu site pessoal é: https://ronaldopilati.org.

GRÁFICA PAYM
Tel. [11] 4392-3344
paym@graficapaym.com.br